普通高等院校"十四五

大学物理实验

刘科敏　孙　琳　张玉宾◎主编

中国铁道出版社有限公司
CHINA RAILWAY PUBLISHING HOUSE CO., LTD.

内 容 简 介

本书根据教育部《理工科类大学物理实验课程教学基本要求》,结合石家庄铁道大学四方学院物理实验课程教学实际情况及物理实验室具体实验仪器进行编写。全书内容包括数据处理基础知识、常用物理实验方法、实验项目等。

本书适合作为高等院校各专业物理实验课程的教学用书或参考书,也可作为其他工程技术人员的参考用书。

图书在版编目(CIP)数据

大学物理实验/刘科敏,孙琳,张玉宾主编. —北京:中国铁道出版社有限公司,2021.2(2024.12重印)
普通高等院校"十四五"规划教材
ISBN 978-7-113-27549-5

Ⅰ.①大… Ⅱ.①刘… ②孙… ③张… Ⅲ.①物理学-实验-高等学校-教材 Ⅳ.①O4-33

中国版本图书馆 CIP 数据核字(2020)第 262292 号

书　　名:**大学物理实验**
作　　者:刘科敏　孙　琳　张玉宾

策　　划:徐盼欣　　　　　　　　编辑部电话:(010)63549508
责任编辑:徐盼欣
封面设计:刘　颖
责任校对:苗　丹
责任印制:赵星辰

出版发行:中国铁道出版社有限公司(100054,北京市西城区右安门西街 8 号)
网　　址:https://www.tdpress.com/51eds
印　　刷:三河市兴达印务有限公司
版　　次:2021 年 2 月第 1 版　2024 年 12 月第 5 次印刷
开　　本:720 mm×960 mm　1/16　印张:11.25　字数:219 千
书　　号:ISBN 978-7-113-27549-5
定　　价:30.00 元

前　　言

　　大学物理实验是高等工科院校对学生进行科学实验基本训练的一门必修基础实验课程，是学生进入大学后进行系统实验方法和实验技能训练的开端，对培养学生的动手能力、分析问题和解决问题的能力及严谨的科学态度起着不可替代的作用。通过实验可以培养学生的基本科学实验技能，提高学生的科学实验基本素质，使学生初步掌握实验科学的思想和方法；使学生掌握实验研究的基本方法，提高学生的分析能力和创新能力；培养学生理论联系实际和实事求是的科学作风，认真严谨的科学态度，积极主动的探索精神，提高学生的科学素养。

　　本书根据教育部《理工科类大学物理实验课程教学基本要求》，结合石家庄铁道大学四方学院物理实验课程实际情况及物理实验室具体实验仪器进行编写，内容包括数据处理基础知识、常用物理实验方法、实验项目等。附录收录了物理学基本常数、测量结果不确定度计算方法、计算器统计功能使用说明。

　　本书是石家庄铁道大学四方学院物理教研室全体教师智慧的结晶。本书由石家庄铁道大学四方学院刘科敏、孙琳、张玉宾任主编，参加本书编写的还有徐胜楠、郭俊梅、王锦仁、李小光、阴会宾和王晓晖。

　　在本书编写过程中，得到了石家庄铁道大学四方学院各级领导的大力支持，在此表示衷心的感谢。在本书编写过程中参阅了一些编著者的著作，在参考文献中未能一一列出，谨在此向其作者一并表示诚挚的谢意。

　　由于编者水平所限，书中难免存在疏漏和不妥之处，恳请广大读者批评指正，以便将来做进一步的修订。

编　者

2020 年 10 月

目　　录

第0章 绪 论

0.1 大学物理实验的地位和作用

物理实验在科学、技术的发展中有着独特的作用。历史上每一次重大的技术革命都源于物理学的发展。热力学、分子物理学的发展,使人类进入热机、蒸汽机的时代;电磁学的发展,使人类跨入电气化时代;原子物理学、量子力学的发展,促进了半导体、原子核、激光等的迅猛发展。然而,物理学本质上是一门实验科学。物理规律的发现和物理理论的建立,都必须以严格的物理实验为基础,并受到实验的检验。例如,杨氏的干涉实验使光的波动学说得以确立;赫兹的电磁波实验使麦克斯韦的电磁场理论获得普遍承认;等等。可见,物理学的发展是在实验和理论两方面相互推动和密切结合下进行的。

因此,在学习物理时,我们要正确处理好理论课和实验课的关系,要求学生既要动脑,又要动手,不可偏废某一方面。

0.2 大学物理实验课的目的和任务

物理实验是对工科院校学生进行科学实验基本训练的一门独立的必修基础课程,是学生在高校受到系统实验技能训练的开端。它在培养学生运用实验手段去发现、观察、分析、研究、解决问题的能力方面,以及提高学生科学实验素质方面,都起着重要的作用。同时,它也将为学生今后的学习和工作奠定一个良好的实验基础。

物理实验课教学的目的和任务是:

(1)对学生进行实验方法和实验技能的基本训练。通过实验,要求学生做到:弄懂实验原理,了解一些物理量的测量方法;熟悉常用仪器的基本原理和性能,掌握其使用方法;学会正确地记录、处理实验数据及分析判断实验结果,并能写出比较完整的实验报告。

(2)培养并提高学生从事科学实验的素质。包括:理论联系实际的独立工作能力,严肃认真的工作作风,实事求是的科学态度,以及爱护公共财产、遵守纪律的优良品德。

(3)培养并提高学生的科学实验能力。包括:自学能力——能够自己阅读实验教材及参考资料,正确理解实验内容,做好预习工作;动手实践能力——能够借助教材和说明书,正确调节和使用常用仪器;观察和分析实验现象的能力——能够准确把握实验现象,能够运用物理学理论对实验现象进行初步的分析和判断;表达书写能力——能够正确记录和处理实验数据,绘制图线,说明实验结果,撰写实验报告;简单设计能力——能够根据课题要求,设计实验方案,包括确定实验方法和条件、合理选择仪器、拟定具体的实验程序。

0.3 大学物理实验的基本环节

学生在物理实验课程中通过对实验现象的观察、分析和对物理量的测量,能够加深对物理学原理的理解。实验的基本环节为实验预习、实验操作和撰写实验报告。

0.3.1 实验预习

实验预习是为课堂实验操作做准备的,通过预习需明确以下几个问题:为什么做这个实验? 实验做什么内容? 具体应该怎么做? 因此,需要认真阅读实验指导书,明确实验目的与要求,熟悉实验原理及相关知识;弄清实验中使用的基本仪器的结构原理、操作规范及注意事项;拟定实验步骤、数据记录表格等,填写预习报告并于实验操作前交实验指导教师审查,经审查合格后方可进行实验操作。

0.3.2 实验操作

实验操作是整个实验中最重要的环节,在该环节中重点培养学生的动手能力,以及分析问题和解决问题的能力。学生在实验指导教师的指导下独立进行仪器的组装和调节,实验现象的观察,实验数据的完整记录。

实验开始前,首先应熟悉仪器性能和正确的操作规程,切忌盲目操作;其次应熟悉实验操作步骤,不要急于动手,避免因误解或错调而导致整个实验失败。

操作时应注意观察实验现象,尤其是反常现象,不能单纯追求"顺利",要学会对观察到的现象随时进行分析;对实验过程中出现的错误,要学会及时排除。

记录数据时,要注意仪器的精度,即数据的有效数字位数。若实验结果与实验条件有关,还应记下相应的实验条件,如当时的室温、湿度、大气压等。

实验结束后,实验数据交给实验指导教师检查签字后,方才有效。应认真对待实验原始数据,它将为以后的计算和问题分析提供宝贵的第一手资料。

离开实验室前,应自觉按要求整理好仪器和桌椅。

0.3.3 撰写实验报告

实验报告是对实验工作的全面总结,要以简单扼要的形式将实验结果完整而又真实地表达出来,要求做到用词确切、文字通顺、字迹工整、数据完整、图表规范、结果正确。实验报告的撰写主要是对学生思维能力和文字表达能力的训练过程,有助于培养学生的科学实验能力。

一份完整的实验报告包括:

(1)实验名称。

(2)实验目的。

(3)实验仪器。

(4)实验原理。

(5)实验内容及主要步骤。

(6)注意事项。

(7)数据记录与处理。

(8)实验结果,要给出完整的量化表达式,观察现象或验证定律时,要写出实验结论。

(9)问题讨论,包括对实验中的现象解释,对实验方法的改进与建议,作业题等。

以上(1)~(6)为预习报告中需要完成的内容。

0.3.4　学生实验要求

为了培养学生良好的实验素质和严谨的科学态度,保证实验的顺利进行,进而提高实验教学质量,特规定以下要求:

(1)实验前做好预习工作,必须写好预习报告。无预习报告或不带实验指导书者不许参加实验。

(2)准时上课,必须签到,不准无故缺席。有事必须课前请假,经准许后方可安排补做,否则按缺席处理。

(3)在实验过程中,不得擅自调换实验仪器或实验台位;实验中需要认真操作,仔细观察,如实、详细、完整地记录实验现象和原始数据,切忌抄袭和弄虚作假。

(4)实验完毕,整理好仪器,原始数据要经实验指导教师签字,方可离开实验室。实验报告要合格撰写,按时上交,严禁抄袭,一经发现本次实验记零分。

(5)对实验过程出现的问题、个人建议、意见等可直接向实验指导教师反映或通过课代表反映。

0.4　大学物理实验成绩的评定

0.4.1　单个实验成绩的评定

单个实验成绩由实验操作成绩和实验报告成绩组成,其中实验操作成绩占 60%;

实验报告成绩占 40%。

0.4.2　学期实验成绩的评定

学期实验成绩为各个实验成绩的总和,转换为百分制。由于大学物理实验属于必修考查课,因此最终成绩由百分制再转化为五级制。

第1章 数据处理基础知识

1.1 测量与误差

1.1.1 测量与误差概述

1. 测量

进行物理实验时,不仅要定性地观察物理量变化的过程,而且要定量地测定物理量的大小,即对物理量进行测量。所谓**测量**,就是将被测量与作为标准单位的物理量进行比较,其倍数即为该被测量的测量值。

(1)直接测量和间接测量。根据测量方法的不同,测量可分为直接测量和间接测量。如果直接从仪器或量具上读出待测量的大小,则为**直接测量**。例如,用米尺测量物体的长度,用天平测量物体的质量,用秒表计时等都是直接测量。如果待测量是由若干直接测量量经过一定的函数关系运算后获得的,则为**间接测量**。例如,测量物体的密度时,要先测出物体的体积和质量,再用函数关系计算出物体的密度。

(2)等精度测量。同样的测量,仪器不同、方法差异、测量条件改变及测量者素质的参差都会造成测量结果的不同。同一个人用同样的方法使用同样的仪器并在相同的条件下对同一物理量进行的多次测量,就称为**等精度测量**。

若无另加说明,本实验课程所提的多次测量均指等精度测量。

2. 误差

被测物理量的大小(即真值)是客观存在的,然而在实际测量中,由于测量仪器、测量方法、测量条件和测量人员等种种因素不可避免地存在着局限,不可能使测量值与真值完全相同。测量值 x 与真值 x_0 之间存在的差值称为该测量值的**测量误差** Δx,又称**绝对误差**,即

$$\Delta x = x - x_0 \tag{1-1}$$

绝对误差 Δx 与真值 x_0 的比值,称为**相对误差**,即

$$E = \frac{\Delta x}{x_0} \times 100\% \tag{1-2}$$

1.1.2　误差的分类

误差按其特征和表现形式可以分为系统误差、随机误差和粗大误差。

1. 系统误差

在同一条件下多次测量同一物理量时,误差的大小和方向保持恒定,或在条件改变时,误差的大小和方向按一定规律变化,这种误差称为**系统误差**。它的来源主要有以下几个方面:

(1)仪器的固有缺陷。例如,刻度不准、零点没有调好、砝码未经校准等。

(2)实验方法不完善或这种方法所依据的理论本身具有近似性。例如,采用伏安法测电阻时没有考虑电表内阻的影响等。

(3)环境的影响或没有按规定的条件使用仪器。例如,标准电池的电动势标准值是指在 20℃ 时的数值,若在 30℃ 时使用,不加以修正就会引入系统误差。

(4)实验者生理或心理特点,或缺乏经验引入的误差。例如,实验者读数时侧坐或斜视,会使所得数据偏大或偏小。

2. 随机误差

在同一条件多次测量同一物理量时,每次出现的误差时大时小,时正时负,既不可预测又无法控制,这种误差称为**随机误差**。它的特点是单个误差具有随机性,而总体服从统计规律。

3. 粗大误差

粗大误差又称过失误差。它是由于测量时观察者不正确地使用仪器、粗心大意观察错误或错记数据而引起的不正确的结果。它实际上是一种测量错误,应该剔除。

1.1.3　误差的处理

1. 系统误差的处理

系统误差的减小或者修正一般采用以下几种方法:

(1)通过理论公式引入修正值。

(2)对仪器的缺陷进行补偿或者修正。

(3)改善实验环境条件。

(4)改进实验测量方法等。

2. 随机误差的处理

(1)随机误差的统计规律。

实践和理论都证明,多次测量的随机误差是服从统计规律的。误差的分布如图 1-1 所示。横坐标表示误差 Δx,纵坐标为一个与误差出现的概率有关的概率密度

函数 $f(\Delta x)$。应用概率论的数学方法可导出

$$f(\Delta x) = \frac{1}{\sigma \sqrt{2\pi}} e^{-\frac{(\Delta x)^2}{2\sigma^2}} \tag{1-3}$$

这种分布称为**正态分布**。式(1-3)中的特征量 σ 为

$$\sigma = \sqrt{\frac{\sum (\Delta x)^2}{n}} \quad (n \to \infty) \tag{1-4}$$

称为**标准误差**,其中 n 为测量次数。

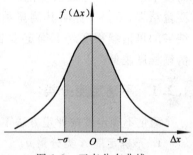

图 1-1 中阴影部分的面积就是测量列 $x_1, x_2,$ $\cdots, x_n$ 中任一测量值 x_i 落在区间 $[x_0 - \sigma, x_0 + \sigma]$ 的概率 P,该值为 68.3%。

在实际测量中,测量的次数是有限的,而且被测量的真值也未知,因此式(1-4)给出的标准误差公式只有理论上的意义。

(2)随机误差的实际估算。

图 1-1　正态分布曲线

在测量不可避免地存在随机误差的情况下,每次测量值各有差异,那么怎样的测量值是接近真值的最佳值呢?

设对某一物理量进行多次测量,测得一组测量值分别为 $x_1, x_2, \cdots, x_i, \cdots, x_n$。测量结果的算术平均值为

$$\bar{x} = \frac{1}{n} \sum_{i=1}^{n} x_i \tag{1-5}$$

根据随机误差的统计特性可以证明,当测量次数 n 无限增多时,算术平均值 $\bar{x}$ 就是接近真值的最佳值。

证明:根据误差的定义有

$$\Delta x_1 = x_1 - x_0$$
$$\Delta x_2 = x_2 - x_0$$
$$\vdots$$
$$\Delta x_n = x_n - x_0$$

则

$$\frac{1}{n} \sum_{i=1}^{n} \Delta x_i = \frac{1}{n} \sum_{i=1}^{n} (x_i - x_0) = \bar{x} - x_0$$

按随机误差的抵偿性,当 $n \to \infty$ 时,$\frac{1}{n} \sum \Delta x_i \to 0$,因此 $\bar{x} \to x_0$。

可见,测量次数越多,算术平均值越接近真值。所以,测量结果可用多次测量的**算术平均值作为接近真值的最佳值**。

1.2 测量结果的不确定度评定

测量不但要得到被测量的最佳估计值,而且对其可靠性也应作出评定。不确定度是建立在误差理论基础上的一个新概念,是误差的数字指标。它是与测量结果相联系的一种参数,用于表征由于测量误差的存在而对被测量值不能肯定的程度,即测量结果不能肯定的误差范围。任一测量结果都存在着不确定度,作为一个完整的测量结果,不仅要标明其测量值的大小,还要标出其测量的不确定度,以表示测量结果的可信赖程度。不确定度越小,测量结果可信赖程度越高;反之,测量结果可信赖程度越低。

1.2.1 不确定度分类

测量不确定度按评定方法不同分为两类。

1. 不确定度 A 类分量 u_A

不确定度 A 类分量是指可以采用统计方法评定与计算的不确定度。其常用算术平均值 $\bar{x}$ 的标准偏差表示。

(1)样本的标准偏差。

我们将各次测量值 x_i 与算术平均值 $\bar{x}$ 之差称为该次测量的**残差**:

$$v_i = x_i - \bar{x}$$

我们用残差 v_i 代替 Δx_i 计算,此时测量列 $x_1, x_2, \cdots, x_i, \cdots, x_n$ 总体的标准误差的估计值由贝塞尔公式给出:

$$S(x) = \sqrt{\frac{\sum_{i=1}^{n} v_i^2}{n-1}} = \sqrt{\frac{\sum_{i=1}^{n} (x_i - \bar{x})^2}{n-1}} \tag{1-6}$$

式中,$S(x)$ 称为测量列的**标准偏差**,它表示测量列中各测量值所对应的标准偏差。

(2)算术平均值 $\bar{x}$ 的标准偏差。

从统计意义上讲,$\bar{x}$ 作为测量列真值的最佳值,比测量列中每一个测量值 x_i 都更接近于真值,经理论推导得到算术平均值 $\bar{x}$ 的标准偏差 $S(\bar{x})$ 为

$$S(\bar{x}) = \sqrt{\frac{\sum_{i=1}^{n} (x_i - \bar{x})^2}{n(n-1)}} = \frac{S(x)}{\sqrt{n}} \tag{1-7}$$

它表示在 $[\bar{x} - S(\bar{x}), \bar{x} + S(\bar{x})]$ 范围内包含真值 x_0 的概率为 68.3%。

$$u_{\mathrm{A}} = S(\overline{x}) = \sqrt{\dfrac{\sum\limits_{i=1}^{n}(x_i - \overline{x})^2}{n(n-1)}} \tag{1-8}$$

2. 不确定度 B 类分量 u_{B}

不确定度 B 类分量是指用非统计方法求出的不确定度。原则上应考虑影响测量的各种可能值,作为基础训练,我们简化处理,主要考虑仪器误差限 $\Delta_{仪}$ 引起的误差,即 B 类分量为

$$u_{\mathrm{B}} = \Delta_{仪} \quad (单次测量量) \qquad 或者 \qquad u_{\mathrm{B}} = \dfrac{\Delta_{仪}}{\sqrt{3}} \quad (多次测量量) \tag{1-9}$$

1.2.2　合成不确定度

最后测量结果的不确定度,应将不确定度 A,B 类分量合成,即测量结果的合成不确定度为

$$u_x = \sqrt{u_{\mathrm{A}}^2 + u_{\mathrm{B}}^2} \tag{1-10}$$

其相对不确定度为

$$E_x = \dfrac{u_x}{\overline{x}} \times 100\% \tag{1-11}$$

测量结果的表示方法为

$$x = \overline{x} \pm u_x(单位) \quad (P = 68.3\%)$$
$$E_x = \dfrac{u_x}{\overline{x}} \times 100\% \tag{1-12}$$

1.2.3　直接测量量的不确定度评定

1. 单次测量量的不确定度

作为单次测量量,不存在采用统计方法计算的不确定度 A 类分量。因此,单次测量量的合成不确定度就等于不确定度 B 类分量。

$$u = u_{\mathrm{B}} = \Delta_{仪} \tag{1-13}$$

2. 多次测量量的不确定度

多次测量量的不确定度评定步骤:

(1)修正测量数据中的可定系统误差(如零点修正等)。

(2)计算测量列的算术平均值 $\overline{x}$ 作为测量结果的最佳值。

(3)计算测量列的算术平均值的标准偏差 $S(\overline{x})$。

(4)将算术平均值的标准偏差作为不确定度 A 类分量:$u_{\mathrm{A}} = S(\overline{x})$。

(5)计算不确定度 B 类分量:$u_B = \dfrac{\Delta_仪}{\sqrt{3}}$。

(6)求出合成不确定度:$u_x = \sqrt{u_A^2 + u_B^2} = \sqrt{S(\overline{x})^2 + \left(\dfrac{\Delta_仪}{\sqrt{3}}\right)^2}$。

(7)写出最终结果表示:

$$x = \overline{x} \pm u_x(单位) \quad (P = 68.3\%)$$

$$E_x = \dfrac{u_x}{\overline{x}} \times 100\%$$

【例 1-1】 用螺旋测微器测量小钢球的直径,5 次测量值分别为:5.499 mm,5.500 mm,5.499 mm,5.498 mm,5.498 mm,试求其合成不确定度。

解:(1)算术平均值为 $\overline{d} = \dfrac{\sum\limits_{i=1}^{5} d_i}{5} = 5.498\ 8$ mm。

(2) $u_A = S(\overline{d}) = \sqrt{\dfrac{\sum\limits_{i=1}^{5} (d_i - \overline{d})^2}{5 \times (5 - 1)}} = 0.000\ 37$ mm。

(3)$u_B = \dfrac{\Delta_仪}{\sqrt{3}} = \dfrac{0.005}{\sqrt{3}}$mm $= 0.003$ mm （螺旋测微器的误差限为 0.005 mm）。

(4)合成不确定度为

$$u_d = \sqrt{u_A^2 + u_B^2} = \sqrt{S(\overline{d})^2 + \left(\dfrac{\Delta_仪}{\sqrt{3}}\right)^2} = 0.003 \text{ mm}$$

(5)测量结果表示为

$$d = (5.499 \pm 0.003)\text{mm} \quad (P = 68.3\%)$$

$$E_d = \dfrac{u_d}{\overline{d}} \times 100\% = 0.05\%$$

1.2.4 间接测量量的不确定度评定

1. 间接测量量不确定度的定义

间接测量量的最佳估计值和合成不确定度是由直接测量结果通过函数关系计算出来的。设间接测量量的函数式为

$$N = f(x, y, z, \cdots)$$

则间接测量量 N 的最佳估计值为

$$\overline{N} = f(\overline{x}, \overline{y}, \overline{z}, \cdots)$$

式中,直接测量量 $x, y, z, \cdots$ 的不确定度分别是 $u_x, u_y, u_z, \cdots$,则间接测量量 N 的不确定度

u_N 是由直接测量量的不确定度 $u_x, u_y, u_z, \cdots$ 传递而来,称为**不确定度传递**。

相应的不确定度为

$$u_N = \sqrt{\left(\frac{\partial f}{\partial x} u_x\right)^2 + \left(\frac{\partial f}{\partial y} u_y\right)^2 + \left(\frac{\partial f}{\partial z} u_z\right)^2 + \cdots} \tag{1-14}$$

或

$$E_N = \frac{u_N}{N} = \sqrt{\left(\frac{\partial \ln f}{\partial x} u_x\right)^2 + \left(\frac{\partial \ln f}{\partial y} u_y\right)^2 + \left(\frac{\partial \ln f}{\partial z} u_z\right)^2 + \cdots} \tag{1-15}$$

对于和差形式的函数,用式(1-14)先求 u_N 再求 E_N 比较方便;对于积商、乘方、开方形式的函数,用式(1-15)先求 E_N 再求 u_N 比较方便。根据式(1-14)和式(1-15),还可推出某些常用函数的不确定度传递公式,如表 1-1 所示。

表 1-1　某些常用函数的不确定度传递公式

函 数 形 式	不确定度传递公式
$N = x + y$	$u_N = \sqrt{u_x^2 + u_y^2}$
$N = x - y$	$u_N = \sqrt{u_x^2 + u_y^2}$
$N = ax + by + cz$	$u_N = \sqrt{a^2 u_x^2 + b^2 u_y^2 + c^2 u_z^2}$
$N = xy$	$\frac{u_N}{N} = \sqrt{\left(\frac{u_x}{x}\right)^2 + \left(\frac{u_y}{y}\right)^2}$
$N = \frac{x}{y}$	$\frac{u_N}{N} = \sqrt{\left(\frac{u_x}{x}\right)^2 + \left(\frac{u_y}{y}\right)^2}$
$N = kx$	$u_N = k u_x \quad \frac{u_N}{N} = \frac{u_x}{x}$
$N = \sin x$	$u_N = \lvert \cos x \rvert u_x$
$N = \ln x$	$u_N = \frac{u_x}{x}$
$N = \frac{x^a y^b}{z^c}$	$\frac{u_N}{N} = \sqrt{a^2 \left(\frac{u_x}{x}\right)^2 + b^2 \left(\frac{u_y}{y}\right)^2 + c^2 \left(\frac{u_z}{z}\right)^2}$

2. 间接测量量的不确定度评定步骤

(1)按照直接测量量不确定度的评定步骤求出各直接测量量的不确定度 $u_x, u_y, u_z, \cdots$。

(2)求出间接测量量的最佳值 $\overline{N} = f(\overline{x}, \overline{y}, \overline{z}, \cdots)$。

(3)利用不确定度传递公式分别求出 N 的不确定度 u_N 和相对不确定度 E_N。

(4)写出最后测量结果的表达式:

$$N = \overline{N} \pm u_N (\text{单位}) \quad (P = 68.3\%)$$

$$E_N = \frac{u_N}{N} \times 100\%$$

【例 1-2】 计算间接测量结果的最佳值和不确定度,并用不确定度表示测量结果。

已知: $A=(71.3\pm0.5)\mathrm{cm}^2$, $B=(6.262\pm0.002)\mathrm{cm}^2$

$C=(0.753\pm0.001)\mathrm{cm}^2$, $D=(271\pm1)\mathrm{cm}^2$

求解下列两种情况:

(1) $N=A+B-C+D$; (2) $N=\dfrac{A\cdot C}{B\cdot D}$。

解:(1) $N=A+B-C+D$

① 求最佳值:

$$\overline{N}=\overline{A}+\overline{B}-\overline{C}+\overline{D}=(71.3+6.262-0.753+271)\mathrm{cm}^2=347.8\ \mathrm{cm}^2$$

② 估算不确定度:

$$u_N=\sqrt{(u_A)^2+(u_B)^2+(u_C)^2+(u_D)^2}$$

$$=\sqrt{0.5^2+0.002^2+0.001^2+1^2}\ \mathrm{cm}^2$$

$$=1.1\ \mathrm{cm}^2$$

$$E_N=\frac{u_N}{\overline{N}}\times100\%=\frac{1.1}{347.8}\times100\%=0.3\%$$

③ 间接测量结果表示:

$$N=\overline{N}\pm u_N(\text{单位})=(347.8\pm1.1)\mathrm{cm}^2\quad(P=68.3\%)$$

$$E_N=0.3\%$$

(2) $N=\dfrac{A\cdot C}{B\cdot D}$

① 求最佳值:

$$\overline{N}=\frac{\overline{A}\cdot\overline{C}}{\overline{B}\cdot\overline{D}}=\frac{71.3\times0.753}{6.262\times271}=0.031\ 64$$

② 估算不确定度:

$$E_N=\frac{u_N}{N}\times100\%=\sqrt{\left(\frac{u_A}{A}\right)^2+\left(\frac{u_B}{B}\right)^2+\left(\frac{u_C}{C}\right)^2+\left(\frac{u_D}{D}\right)^2}\times100\%$$

$$=\sqrt{\left(\frac{0.5}{71.3}\right)^2+\left(\frac{0.002}{6.262}\right)^2+\left(\frac{0.001}{0.753}\right)^2+\left(\frac{1}{271}\right)^2}\times100\%$$

$$=0.008\ 04\times100\%\approx0.8\%$$

利用 $u_N=E_N\cdot\overline{N}$ 关系,并代入相关数据得到

$$u_N=E_N\cdot\overline{N}=0.031\ 64\times0.008\ 04=0.000\ 25$$

③ 间接测量结果表示:

$$N=\overline{N}\pm u_N(\text{单位})=0.031\ 64\pm0.000\ 25\quad(P=68.3\%)$$

$$E_N=0.8\%$$

1.3　有效数字及其运算

1.3.1　有效数字的概念

任何一个物理量,对它进行测量得到的结果总是有误差的,测量值的位数不能任意取,要由不确定度来决定,即测量值的末位数与不确定度的末位数对齐。

1. 有效数字的定义

测量结果中可靠的几位数字加上可疑的一位数字(可疑数字不要多了,只一位),统称**有效数字**。

(1)有效数字和测量仪器的关系。测量结果的有效数字一方面反映了被测物理量的大小,另一方面反映了测量仪器的精度。普通毫米刻度尺读出的 3.59 cm,只得到三位有效数字。要想提高测量精度,要换精度更高的仪器进行测量。例如,用螺旋测微器测同一长度,得到 3.594 2 cm 的结果,其中 3.594 cm 是可靠数字,而末位"2"是估读位,是可疑位。

(2)"0"在有效数字中的作用。有效数字中的"0"与其他数字(1,2,…,9)不同,"0"的位置不同,其性质不同。有效数字的位数从第一个不是"0"的数字开始算起,末位为"0"和数字中间出现的"0"都属于有效数字。例如,测得待测物长度为 2.50 cm,为三位有效数字,不能写成 2.5 cm,因为此处的"0"仍为有效数字的组成部分,它反映了该测量值的十分位是准确位。而 2.5 cm 表示的是两位有效数字,反映了该测量值的十分位是可疑位。

2. 有效数字的科学记数法

有效数字的位数与小数点位置或单位的换算无关。例如,1.50 m 可以写成 150 cm,它仍然是三位有效数字,但不能写成 1 500 mm,因为它是四位有效数字,它们表示的测量精度不同。同理,1.50 m 可以写成 0.001 50 km,但不能写成 0.001 5 km。因此,在有效数字作单位换算时,一般采用科学记数法表示,即

$$1.50 \text{ m} = 1.50 \times 10^3 \text{ mm} = 1.50 \times 10^{-3} \text{ km}$$

1.3.2　直接测量量有效数字的读取

直接测量量的读数应该反映出有效数字。既要保证测量结果的准确度不因位数取舍而受到影响,又要避免因位数多而做无用功。

在直接测量读数时要遵循一定的原则:**读取的测量数据,其最后一位数字恰为误差所在位(可疑位)——仪器误差限 $\Delta_{仪}$。**

(1)一般读数应该读到最小分度以下再估读一位。

（2）有时读数的估读位，就取在最小分度位。例如，仪器最小分度值为 0.5，则 0.1~0.4,0.6~0.9 都是估计的，不必再估读到下一位。

（3）游标类量具只读到游标最小分度值，一般不估读。

（4）数字式仪表及步进读数仪器无须估读。

（5）当仪器指示与仪器刻度盘某刻线对齐时，如测量值恰为整数，需特别注意在数后补零，补零应补到可疑位。指针类仪表（如电压表、电流表等）就是如此。

1.3.3　有效数字的取舍法则

测量值的有效数字位数的取舍，首先要确定需要保留的有效数字位数，要保留的有效数字位数确定以后，后面多余的数字（称为**尾数**）是要舍去的，须遵守以下取舍规则：

（1）要舍弃的数字的最左一位小于 5 时，舍去。

（2）要舍弃的数字的最左一位大于 5（包括等于 5 且其后有非 0 数字）时，进 1。

（3）要舍弃的数字的最左一位为 5，且其后无数字或数字全为 0 时，若所保留的末位数字为奇数则进 1，为偶数或 0 则舍去，即"单进双不进"。

上述规则可简称为"**小于 5 则舍，大于 5 则入，等于 5 凑偶**"。

1.3.4　不确定度和测量结果的有效数字取舍

1. 不确定度的有效数字位数

不确定度是与置信概率相联系的，所以不确定度的有效数字位数不必过多，一般保留 1~2 位。在本书中约定：当 u 的首位非零数为 1 或 2 时，u 保留两位有效数字；当 u 的首位非零数不小于 3 时，u 只保留一位有效数字。相对不确定度 E 的位数规定与 u 的原则相同。

2. 测量结果的有效数字位数

直接测量量最佳值（算术平均值）和测量结果的有效数字位数由不确定度决定。因此，计算过程中最佳值（算术平均值）可以多保留几位，然后根据测量结果的末位与不确定度的末位对齐原则，取舍测量结果。

例如，测量待测物的长度，已算出最佳值为 $\overline{x}=9.377$ mm，$u_x=0.06$ mm，最终的测量结果为

$$x=\overline{x}\pm u_x=(9.38\pm0.06) \text{ mm} \quad (P=68.3\%)$$

相对不确定度为

$$E_x=\frac{u_x}{x}\times100\%=\frac{0.06}{9.377}\times100\%=0.6\%$$

1.4　常用数据处理方法

科学实验的目的是找出事物的内在规律或检验某种理论的正确性,并作为以后实际工作的一个依据,因而对实验测量过程中收集到的大量数据资料必须进行正确的处理。数据处理是指从获得数据起到得出结论为止的整个加工过程,包括记录、整理、计算、作图、分析等方面的处理。本节主要介绍列表法、图示法和图解法、逐差法、内插法和最小二乘法等常用的数据处理方法。

1.4.1　列表法

通过实验测量获得实验数据后,数据处理的第一项工作就是数据记录。在记录数据时,将数据排列成表格形式,既有条不紊,又简明醒目;既有助于表示出物理量之间的对应关系,又有助于检验和发现实验中的问题。列表记录并处理数据是一种良好的科学工作习惯。

数据在列表处理时,应遵循下列原则:

(1)各项目(纵或横)均应标明名称及单位,若名称用自定义的符号,则须加以说明;

(2)原始测量数据应列入表中,计算过程中的一些中间结果和最后结果也可列入表中;

(3)栏目的顺序应充分注意数据与数据之间的联系和计算顺序,力求简明、齐全、有条理;

(4)若是函数关系的数据表格,则应按自变量由小到大或由大到小的顺序排列;

(5)必要时附加说明。

下面以使用螺旋测微器测量圆柱体直径 D 为例,列表记录和处理数据,如表 1-2 所示。

表 1-2　测圆柱体直径 D

(使用仪器:0~25 mm 螺旋测微器,$\Delta_仪 = 0.004$ mm)

测量次数	零点读数/mm	测量读数/mm	直径 D/mm	$\overline{D}$/mm	$S(\overline{D})$/mm
1	0.003	8.005	8.002		
2	0.003	8.007	8.004		
3	0.002	8.009	8.007	8.004 2	0.000 89
4	0.004	8.006	8.002		
5	0.002	8.007	8.005		
6	0.004	8.009	8.005		

由表 1-2 中数据知：

$$u_A = S(\overline{D}) = 0.000\ 89\ \text{mm}$$

$$u_B = \frac{\Delta_{仪}}{\sqrt{3}} = \frac{0.004}{\sqrt{3}}\ \text{mm} = 0.002\ 31\ \text{mm}$$

合成不确定度为 $\qquad u_D = \sqrt{u_A^2 + u_B^2} = 0.002\ 5\ \text{mm}$

最终结果为

$$D = \overline{D} \pm u_D = (8.004\ 2 \pm 0.002\ 5)\text{mm} \quad (P = 68.3\%)$$

$$E_D = \frac{u_D}{D} \times 100\% = \frac{0.002\ 5}{8.004\ 2} \times 100\% = 0.000\ 312 \times 100\% \approx 0.03\%$$

1.4.2 图示法和图解法

1. 图示法

物理实验中测得的各物理量之间的关系，既可以用函数式表示，也可以借助图线表示。图示法能形象直观地表明两个变量之间的关系。

作图的基本步骤包括：

(1)图纸的选择。常用的图纸有线性直角坐标纸、对数坐标纸、极坐标纸等，应根据具体实验情况选取合适的坐标纸。由于图线中直线最易绘制，也便于使用，故在已知函数关系的情况下，作两个变量之间的关系图线时，最好通过适当的变换将某种函数关系的曲线改直。例如：

① $y = a + b\dfrac{1}{x}$，若令 $u = \dfrac{1}{x}$，则得 $y = a + bu$，y 与 u 为线性函数关系；

② $y = ae^{bx}$，取自然对数，则 $\ln y = \ln a + bx$，$\ln y$ 与 x 为线性函数关系；

③ $y = ax^b$，取对数，则 $\lg y = \lg a + b\lg x$，$\lg y$ 与 $\lg x$ 为线性函数关系。

(2)确定坐标纸和标注坐标分度。绘制图线时，应以自变量作横坐标，因变量作纵坐标，并标明各坐标轴所代表的物理量(可用相应的符号表示)及单位。

坐标的分度要根据实验数据的有效数字和对结果的要求来确定。原则上，数据中的可靠数字在图中也应是可靠的，而最后一位的估读数在图中也是估计的，即不能因作图而引进额外的误差。

在标注分度时应注意(见图 1-2)：

① 在坐标轴上每隔一定间距应均匀地标出分度值。坐标的分度应以不用计算便能确定各点的坐标为原则，通常只用 1，2，5，10 等进行分度，而不用 3，7 等进行分度。

② 为了充分利用坐标纸并使图线布局合理，坐标分度值不一定从零开始，可以用低于原始数据的某一整数作为坐标分度的起点，用高于原始数据最大值的某一整数作

为坐标分度的终点。这样图线就能较大程度充
满所选用的整个图纸。

（3）标点。根据测量数据，用"＋""×""⊙"
等记号标出各数据点在坐标纸上的位置。若要
在同一张图上画不同的图线，标点时应选用不同
的符号，以便区分。

（4）连线。连线时必须使用工具，所绘的图
线应光滑匀称，而且要尽可能使所绘的图线通过
较多的测量点，但不能连成折线。对严重偏离图
线的个别点，若检查无误，就应舍去。其他不在
图线上的点，应使它们均匀地分布在图线的两侧。

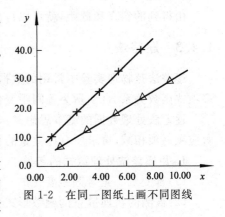

图 1-2　在同一图纸上画不同图线

对于仪器仪表的校准曲线，连线时应将相邻的两点连成直线段，整个校准曲线呈
折线形式。

（5）注解和说明。在图纸的明显位置应写清图的名称、署名、作图日期和必要的简
短说明。

2. 图解法

利用已作好的图线，定量地求得待测量或得出经验公式，称为**图解法**。当图线为
直线时，采用这种方法更为方便。直线图解一般就是求出斜率和截距，从而可以求得
待测量的值。

直线图解法的步骤如下：

（1）选点。求直线斜率，一般采用两点法，选取的两点应尽量分开些，如图 1-3 所
示。而且一般不用实验点，而是在直线上选取，
并用不同于实验点的记号标记，在记号旁注明其
坐标值。

（2）求斜率。直线方程为 $y = kx + b$，则斜
率为

$$k = \frac{y_2 - y_1}{x_2 - x_1} \tag{1-16}$$

（3）求截距。若坐标起点为零，则可将直线
用虚线延长，使其与纵坐标轴相交，交点的纵坐
标就是截距；若起点不为零，则可由下式计算
截距：

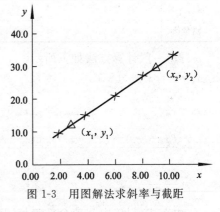

图 1-3　用图解法求斜率与截距

$$b = \frac{x_2 y_1 - x_1 y_2}{x_2 - x_1} \tag{1-17}$$

由得到的斜率和截距,就可以得出待测量的值。

1.4.3 逐差法

逐差法是物理实验中常用的数据处理方法之一。它适用于两个被测量之间存在多项式函数关系、自变量为等间距变化时的情况。

逐差法处理数据的基本思想是:将实验测得的等间距变化的数据分成两组,然后对应项逐项相减,再求所有逐差量的算术平均值。

1. 用逐差法处理数据的条件

(1)自变量 x 是等间距变化的。

(2)被测的物理量 y 的函数形式可以写成 x 的多项式,即

$$y = \sum_{i=1}^{n} a_i x^i \tag{1-18}$$

2. 用逐差法处理数据时需注意的问题

(1)验证公式要用逐项逐差,而不要用分组逐差。这样可以验证每个数据点之间的变化是否合乎规律,不致发生假象,即数据的不规律性不会被平均效果掩盖起来。

(2)在用逐差法求多项式的系数时,不能用逐项逐差,必须把数据分成两组,高组和低组的对应项逐差,这样才能充分地利用数据。

【例 1-3】 杨氏模量实验(钢丝不断地增加等负荷情况下,测定每加一个砝码钢丝伸长量 Δx 的平均值,如表 1-3 所示)。

表 1-3 杨氏模量实验中钢丝伸长量的数据

测量序号	1	2	3	4	5	6	7	8
测量值	x_1	x_2	x_3	x_4	x_5	x_6	x_7	x_8

解:一般计算方法如下所示。

$$\Delta x_i = x_{i+1} - x_i$$

$$\overline{\Delta x} = \frac{1}{7}\sum_{i=1}^{7}\Delta x_i = \frac{1}{7}(\Delta x_1 + \Delta x_2 + \Delta x_3 + \Delta x_4 + \Delta x_5 + \Delta x_6 + \Delta x_7)$$

$$= \frac{(x_2-x_1)+(x_3-x_2)+(x_4-x_3)+(x_5-x_4)+(x_6-x_5)+(x_7-x_6)+(x_8-x_7)}{7}$$

$$= \frac{x_8 - x_1}{7}$$

由上式可见,中间值全部消掉,只有始末两个测量值起作用!如果始末测量值误差较大,那么将造成结果的误差较大。利用逐差法则可以避免这个问题,而且数据可以充分利用。

逐差法如下所示。

将测量数据分为前后两组：$x_1 \sim x_4$ 为一组，$x_5 \sim x_8$ 为一组。

$$\Delta X_i = x_{i+4} - x_i$$

$$\overline{\Delta X} = \frac{1}{4} \sum_{i=1}^{4} \Delta X_i = \frac{1}{4}(\Delta X_1 + \Delta X_2 + \Delta X_3 + \Delta X_4)$$

$$= \frac{(x_5 - x_1) + (x_6 - x_2) + (x_7 - x_3) + (x_8 - x_4)}{4}$$

则

$$\overline{\Delta x} = \frac{1}{4} \overline{\Delta X}$$

由此可见，逐差法可把实验数据全部利用上。

1.4.4 内插法

内插法，按特定函数的性质，可分为线性内插、非线性内插等；按引数（自变量）个数，可分为单内插、双内插和三内插等。本书只简单介绍线性内插法。

若 $A(x_1, y_1)$，$B(x_2, y_2)$ 为已知两点，点 $P(x, y)$ 在上述两点确定的直线上，且 $x_1 < x < x_2$，则

$$\frac{x - x_1}{y - y_1} = \frac{x_2 - x}{y_2 - y} \tag{1-19}$$

如果实验中测出 P 点的 x 值，就可以根据式(1-19)计算出 P 点的 y 值，这种方法称为**线性内插法**。

例如，阿贝折射仪测量自来水折射率实验中，测出 $\overline{n_D} = 1.3332$，经过查表可知 $n_{D1} = 1.330$ 和 $n_{D2} = 1.340$ 时，$A_1 = 0.02478$ 和 $A_2 = 0.02473$，则根据内插法可得

$$\frac{A - A_1}{\overline{n_D} - n_{D1}} = \frac{A_2 - A}{n_{D2} - \overline{n_D}}$$

由此计算可知 $\overline{n_D}$ 所对应的 $A = 0.02477$。

1.4.5 最小二乘法

当在实验中测得自变量 x 与因变量 y 的 n 个对应数据 (x_1, y_1)，(x_2, y_2)，$\cdots$，(x_i, y_i)，$\cdots$，(x_n, y_n) 时，要找出已知类型的函数关系 $y = f(x)$，使 $y_i - f(x_i)$（称为残差）的平方和 $\sum_{i=1}^{n} [y_i - f(x_i)]^2$ 最小，这种求 $f(x)$ 的方法称为**最小二乘法**。

本书只讨论简单线性函数的最小二乘法，即函数关系为 $y = a + bx$ 时，如何用最小二乘法求出待定系数 a 和 b，并判断结果是否合理。

1. 待定系数 a 和 b 的确定

设 $D = \sum_{i=1}^{n} [y_i - f(x_i)]^2$。

由高等数学知识可知，欲使 D 最小，需要满足 $\dfrac{\partial D}{\partial a}=0$ 和 $\dfrac{\partial D}{\partial b}=0$，且其二阶导数大于 0。

$$\begin{cases} \dfrac{\partial D}{\partial a}=-2\sum_{i=1}^{n}\left[y_i-(a+bx_i)\right]=0 \\[2mm] \dfrac{\partial D}{\partial b}=-2\sum_{i=1}^{n}x_i\left[y_i-(a+bx_i)\right]=0 \end{cases}$$

整理后可得

$$\begin{cases} \overline{y}=a+b\cdot\overline{x} \\[2mm] \overline{xy}=a\cdot\overline{x}+b\cdot\overline{x^2} \end{cases}$$

式中，$\overline{x}=\dfrac{1}{n}\sum_{i=1}^{n}x_i$；$\overline{y}=\dfrac{1}{n}\sum_{i=1}^{n}y_i$；$\overline{x^2}=\dfrac{1}{n}\sum_{i=1}^{n}x_i^2$；$\overline{xy}=\dfrac{1}{n}\sum_{i=1}^{n}x_i\cdot y_i$。

方程的解为

$$b=\frac{\overline{x}\cdot\overline{y}-\overline{xy}}{\overline{x}^2-\overline{x^2}},\quad a=\overline{y}-b\,\overline{x} \tag{1-20}$$

进一步的计算表明，上述 a 和 b 使 D 的二阶导数大于零，即满足 D 为最小的条件。

由此，获得最佳经验公式 $y=a+bx$。

2. 合理性判断

用最小二乘法处理同一组数据，不同的实验者可能取不同的函数形式，从而获得不同的结果。为了判断所得结果是否合理，在待定系数确定后，还要计算相关系数 R。简单线性函数的**相关系数** R 定义为

$$R=\frac{\overline{xy}-\overline{x}\cdot\overline{y}}{\sqrt{(\overline{x^2}-\overline{x}^2)(\overline{y^2}-\overline{y}^2)}} \tag{1-21}$$

R 的取值范围为 $0\sim1$。R 越接近 1，y 与 x 线性相关性越好，说明实验数据点越能密集地分布在所求得直线的附近，用简单线性函数比较合理；反之，如果 R 越接近 0，y 与 x 线性相关性越差，说明实验点对所求得的直线来说分布很分散，用简单线性函数不合理，必须换其他函数重新试探。

【例 1-4】 实验测量一组数据点如下：

$$x=0,\quad 1.000,\quad 2.000,\quad 3.000,\quad 4.000,\quad 5.000$$
$$y=0,\quad 0.780,\quad 1.576,\quad 2.332,\quad 3.082,\quad 3.898$$

用最小二乘法求经验公式。

解：设定 x,y 满足线性关系 $y=a+bx$。

用最小二乘法求系数 a,b：

$$\overline{x}=2.5;\quad \overline{y}=1.945;\quad \overline{xy}=7.124;\quad \overline{x^2}=9.167$$
$$b=\frac{\overline{x}\cdot\overline{y}-\overline{xy}}{\overline{x}^2-\overline{x^2}}=0.775\,8$$

$$a = \overline{y} - b\,\overline{x} = 0.005\ 17$$

求得相关系数 $R = 0.999\ 999$，即线性相关性很好。

故经验公式为　　　　　　$y = 0.005\ 17 + 0.775\ 8x$

1.5　实验数据的计算机处理方法

　　大学物理实验数据一般较多，数据处理的工作量比较大，仅仅依靠计算器来处理数据是比较烦琐和枯燥的，如果利用计算机来进行处理，那么这项工作将会变得轻松起来，而且可以保存重要的数据信息。本节主要介绍用 Excel 软件进行数据处理的基本常识。

1.5.1　Excel 数据处理软件简介

1. Excel 2003 的工作环境

　　图 1-4 所示为 Excel 2003 的工作窗口，由标题栏、菜单栏、地址栏、编辑栏、状态栏、工具栏、任务窗格和工作区等组成。

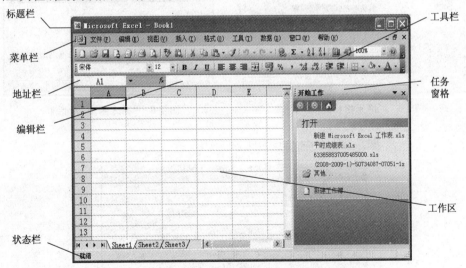

图 1-4　Excel 2003 工作窗口

　　单击选中单元格，然后右击并选择"设置单元格格式"命令可以在打开的对话框中对单元格的格式进行设置，一般需要设置数值的小数位数，如图 1-5 所示。

2. Excel 数据处理

　　用 Excel 对物理实验进行数据处理主要是靠公式来完成的。Excel 的公式以等号开头，后面是用运算符连接对象组成的表达式，即"＝表达式"。表达式中的对象可以是常量、变量、函数及单元格引用。

　　物理实验数据处理中常用函数有求和 SUM、求平均值 AVERAGE、求样本的标准偏差 STDEV、求平方根 SQRT、求 e 的乘幂 EXP 和求自然对数 LN 等。

　　如图 1-6 所示，单击 f_x 按钮可以打开"插入函数"对话框，在该对话框中可以选择所需要的函数。例如，选择 AVEDEV 函数，单击"确定"按钮，打开图 1-7 所示的"函数参数"对话框。用鼠标在 Excel 窗口的工作区中选择需要的数据，如图 1-7 所示 Number1 选择了 C15:H15 这个区域的数据，表格里这个区域的数据显示用虚线包括，计算结果会直接显示在"函数参数"对话框中。单击"确定"按钮，就会在所插入公式的单元格中显示计算结果，如图 1-8 所示。

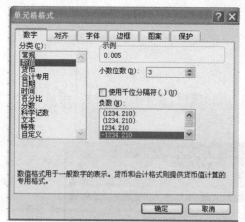

图 1-5　"单元格格式"对话框

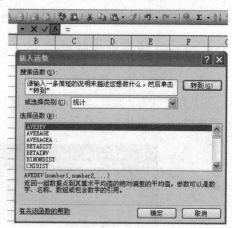

图 1-6　"插入函数"对话框

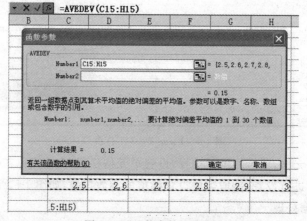

图 1-7　"函数参数"对话框

　　函数的输入可以用图 1-6 所示的方法插入，也可以直接输入。例如，计算 $\sqrt{126} \times e^2 \times \ln 8$ 的值，可以用图 1-9 所示的方法进行。单击空白单元格，输入 "＝SQRT

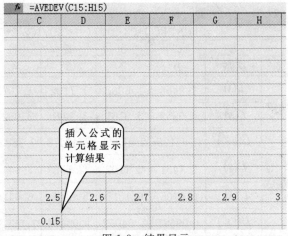

图 1-8　结果显示

$(126) * \mathrm{EXP}(2) * \mathrm{LN}(8)$",按 Enter 键或者单击编辑栏的"√"按钮即可。

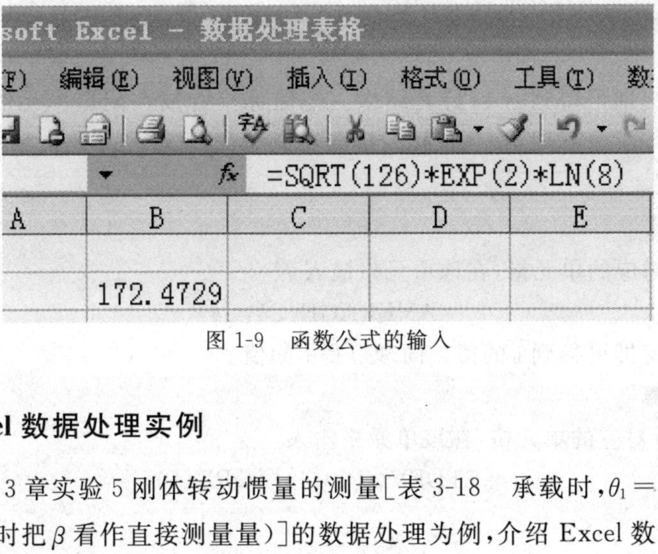

图 1-9　函数公式的输入

1.5.2　Excel 数据处理实例

下面以第 3 章实验 5 刚体转动惯量的测量[表 3-18　承载时,$\theta_1=2\pi$,$\theta_2=8\pi$(为简化,计算 u_β 时把 β 看作直接测量量)]的数据处理为例,介绍 Excel 数据处理的具体方法。数据处理表格如图 1-10 所示。

1. β 的计算

输入时间测量数据,计算 $\beta_1(1/\mathrm{s}^2)$ 时,选中 $\beta_1(1/\mathrm{s}^2)$ 所对应的空白单元格,在该单元格输入

$$=2 * (2 * \mathrm{PI}(\ ) * \mathrm{C}3 - 8 * \mathrm{PI}(\ ) * \mathrm{C}2)/(\mathrm{C}2\char`\^2 * \mathrm{C}3 - \mathrm{C}2 * \mathrm{C}3\char`\^2)$$

即公式

$$\beta = \frac{2(\theta_1 t_2 - \theta_2 t_1)}{t_1^2 t_2 - t_1 t_2^2}$$

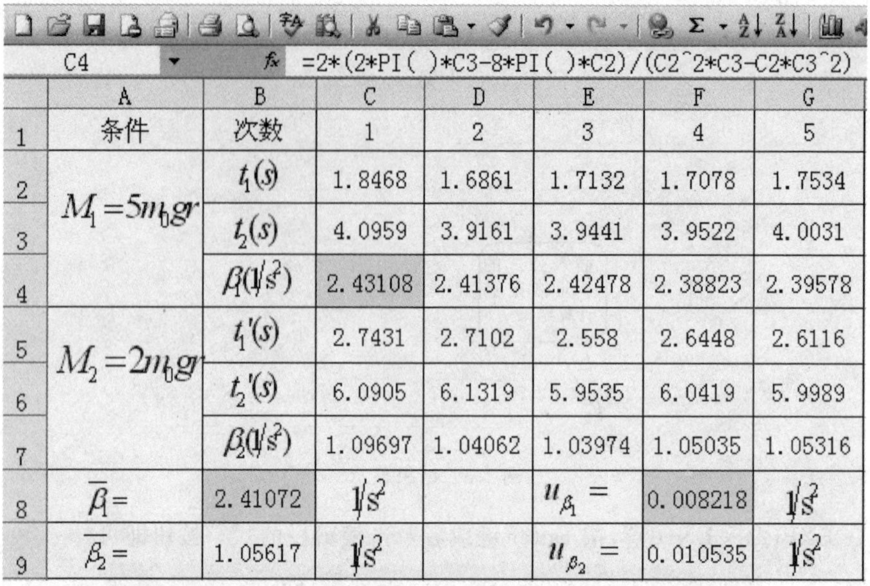

	C4	▼	f_x =2*(2*PI( )*C3-8*PI( )*C2)/(C2^2*C3-C2*C3^2)				
	A	B	C	D	E	F	G
1	条件	次数	1	2	3	4	5
2	$M_1=5m_0gr$	$t_1(s)$	1.8468	1.6861	1.7132	1.7078	1.7534
3		$t_2(s)$	4.0959	3.9161	3.9441	3.9522	4.0031
4		$\beta_1(1/s^2)$	2.43108	2.41376	2.42478	2.38823	2.39578
5	$M_2=2m_0gr$	$t_1'(s)$	2.7431	2.7102	2.558	2.6448	2.6116
6		$t_2'(s)$	6.0905	6.1319	5.9535	6.0419	5.9989
7		$\beta_2(1/s^2)$	1.09697	1.04062	1.03974	1.05035	1.05316
8	$\overline{\beta_1}=$	2.41072	$1/s^2$		$u_{\beta_1}=$	0.008218	$1/s^2$
9	$\overline{\beta_2}=$	1.05617	$1/s^2$		$u_{\beta_2}=$	0.010535	$1/s^2$

图 1-10　数据处理表格

按 Enter 键即可得到 β_1 的计算结果。把鼠标指针放在阴影单元格的右下角,当鼠标指针变成"＋"形状时,按住鼠标左键向右拖动,即可得到其他次数的 β_1 的值。同理可得 β_2 的值。

2. $\overline{\beta}$ 的计算

选中 $\overline{\beta_1}$ 所对应的单元格,在该单元格输入

$$=\text{AVERAGE(C4:G4)}$$

按 Enter 键即可得到 $\overline{\beta_1}$ 的值。同理可得 $\overline{\beta_2}$ 的值。

3. u_β 的计算

选中 u_{β_1} 所对应的单元格,在该单元格输入

$$=\text{STDEV(C4:G4)/SQRT(5)}$$

即公式

$$u_\beta = \frac{\sigma_{n-1}}{\sqrt{n}} = \frac{\sqrt{\dfrac{\sum\limits_{i=1}^{n}(\beta_i-\overline{\beta})^2}{n-1}}}{\sqrt{n}}$$

式中,$n=5$,按 Enter 键即可得到 u_{β_1} 的值。同理可得 u_{β_2} 的值。

第2章 常用物理实验方法

物理实验包括在实验室人为再现自然界的物理现象、寻找物理规律和对物理量进行测量三部分。在任何物理实验中,几乎都要对物理量进行测量,所以有时也把物理量测量称为物理实验,把具有共性的测量方法归纳起来,称为物理实验方法。不同的实验需要用不同的方法进行测量,即测量方法有很多种。按待测量取得的方法不同可分为直接测量法、间接测量法和组合测量法;按测量过程中待测量是否随时间变化来分,可分为静态测量法和动态测量法;按测量数据是否通过对基本量的测量而求得来分,可分为绝对测量法和相对测量法;按测量技术来分,可分为比较法、放大法、补偿法、转换法、平衡法、模拟法、干涉法等。本章介绍几种按测量技术分类的常见方法。

2.1 比 较 法

比较法是物理量测量中最基本、最普遍的测量方法。它是指将待测量与标准量进行比较而得到测量值的方法。比较法可分为直接比较法和间接比较法。

2.1.1 直接比较法

直接比较法是将待测量与同类物理量的标准量具直接进行比较,直接读数得到测量数据的方法。

要注意的是,采用直接比较法的量具和仪器必须是经过标定的。

2.1.2 间接比较法

间接比较法是在测量中应用更为普遍的测量方法。因为多数物理量无法通过直接比较而测出,而是需要借助一些中间量或将被测量进行某种变换,来间接实现比较测量的方法,这就是间接比较法。

例如,温度计、电表等。以电流表为例,它是利用通电线圈在磁场中受到电磁力矩与游丝的扭力矩平衡时,电流的大小与电流表指针的偏转量之间有一定的对应关系而制成的,因此可以用电流表指针的偏转量间接比较出电路中的电流。

2.2　放　大　法

在测量中,有时由于待测量过小,无法利用仪器、仪表直接测出,故需借助一些方法将待测量放大后再进行测量。放大待测量所用的原理和方法称为放大法。常用的放大法有三种:机械放大法、电磁放大法、光学放大法。

2.2.1　机械放大法

机械放大法是利用机械部件之间的几何关系将物理量在测量过程中加以放大,从而提高测量仪器的分辨率。

在测量微小长度和角度时,为了提高测量读数的精度,减少误差,常将其最小刻度用游标、螺距的方法进行机械放大。例如,游标卡尺是利用游标原理进行放大;螺旋测微器、读数显微镜和迈克尔逊干涉仪都是用了螺旋放大的原理。

2.2.2　电磁放大法

在电磁学物理量的测量中,微小的电流或电压常需要用电子仪器将被测信号加以放大后再测量。例如,光电效应测普朗克常量实验中,就是将十分微弱的光电流通过微电流测量放大器放大后进行测量的;示波器的使用,就是利用示波器将电信号放大,不仅显示直观,还可进行定量的测量。这些方法中都用到了电磁放大法。

2.2.3　光学放大法

光学放大在物理实验中及许多仪器中都得到了广泛的应用。一般可分为两种:一种是被测物通过光学仪器形成放大的像,以便于观察判断。例如,常用的测微目镜、读数显微镜等只起放大视角的作用,并非把实物尺寸加以变化,故不增加误差。另一种是通过测量放大后的物理量,间接测得本身极小的物理量。例如,光杠杆就是一种常见的光学放大系统,它可以测量长度的微小变化,如拉伸法测金属丝的杨氏模量。光学放大法具有稳定性好、受环境干扰小、灵敏度高的特点。

2.3　补　偿　法

补偿法在物理实验中也常被用到。补偿性是指某一系统若受某种作用产生 A 效应,受另一种作用产生 B 效应,如果由于 B 效应的存在而使 A 效应显示不出来,就称为 B 对 A 进行了补偿。补偿法多用于补偿法测量和补偿修正系统误差两方面。

2.3.1　补偿法测量

设某系统中 A 效应的量值为测量对象,但它不能直接测量或难于准确测量,就用人为方法构造一个 B 效应对 A 效应进行补偿,通过测量 B 效应的量值来求出 A 效应的量值。构造 B 效应的原则就是 B 效应的量值是已知的或易于测量的。

完整的补偿测量系统一般由待测装置、补偿装置、测量装置和指零装置组成。待测装置产生待测效应,要求待测量尽量稳定,便于补偿;补偿装置产生补偿效应,并要求补偿量值准确达到设计的精度;测量装置将待测量与补偿量联系起来进行比较;指零装置是一个比较系统,它将显示出待测量与补偿量的比较结果。比较的方法可分为零示法和差示法,零示法是完全补偿,差示法是不完全补偿。一般多采用零示法。物理实验中的电位差计实验就是利用补偿法来进行测量的。

2.3.2　补偿法修正系统误差

测量中往往由于存在某些因素而导致系统误差,且又无法排除,故需设法制造另一种因素去补偿这种因素的影响,使得这种因素的影响消失或减弱,这个过程就是用补偿法修正系统误差。例如,在测量电路中的电流时需在电路中串联一个电流表,在测量电路中某两点之间的电压时需在这两点间并联一个电压表,由于在电路中串联电流表或并联电压表改变了原电路的结构,使得测量结果与原电路中的实际数值不符,此时就需要通过补偿法来减少这种系统误差;又如,在光学实验中为防止由于光学元件的引入而影响光程差,常在光路中人为地适当安置某些光学补偿元件来抵消这种影响。迈克尔逊干涉仪中的补偿板就起到了这种作用。

2.4　转　换　法

在物理实验中,很多物理量由于其属性关系无法用仪器直接测量,或不易测量,或难以准确测量,因此常将这些物理量转换为其他物理量进行测量,然后再反过来求出待测物理量,这种方法称为转换法。转换法大致可分为两类:参量转换法和能量转换法。

2.4.1　参量转换法

利用各种参量的变换及其变化规律,以达到测量某一物理量的方法称为参量转换法。例如,杨氏模量实验中,依据胡克定律,在弹性限度内应力 $\dfrac{F}{S}$ 与应变 $\dfrac{\Delta L}{L}$ 成正比,即

$$\frac{F}{S} = Y\frac{\Delta L}{L}$$

其比例系数 Y 即为金属丝的杨氏模量。利用此关系式,将关于杨氏模量 Y 的测量转换为应力 $\frac{F}{S}$ 和应变 $\frac{\Delta L}{L}$ 的测量。

2.4.2 能量转换法

能量转换法是利用换能器(如传感器)将一种形式的能量转换为另一种形式的能量来进行测量的方法。一般是指非电量电测技术,即将待测的非电学量参数(如温度、位移、速度、压力、光强、浓度、化学成分等)转换成电学量参数(如电压)进行测量的技术,包括传感器技术和电子技术。

1. 比较典型的能量转换法

(1)热电转换。例如,利用温差电动势原理,将温度的测量转换成热电偶的温差电动势的测量;又如,利用电阻随温度变化的规律,将对温度的测量转换为对电阻的测量。材料导热系数的测量就用到了热电转换法。

(2)压电转换。利用压电材料将所受压力和内部电势进行转换,传声器和扬声器就是这种转换器。传声器是把声波的压力变化转换为相应的电压变化,而扬声器则是把变化的电信号转换成声波。声速测量实验就用到了压电陶瓷材料。

(3)光电转换。光电转换的原理是光电效应。转换元件有光电管、光电倍增管、光电池、光敏二极管/三极管等。

(4)磁电转换。磁电转换是利用半导体的霍尔效应进行磁学量与电学量的转换。磁场测量实验就用到了磁电转换法。

2. 能量转换法的优点

(1)可将非电学量转换成电学量。

(2)电测量装置惯性小、灵敏度高、测量幅度范围大、测量频率范围宽。

(3)既可测量缓慢变化的量,又可测量快速变化的量。

(4)可实现远距离的自动测量(遥测)。

(5)对各种参数自动巡回检测和生产过程中自动控制,通过对测量信号进行各种运算和处理,实现智能化测量和控制。

因此,此种方法在科学技术与工程实践中得到了广泛的应用。

2.5 平 衡 法

平衡法是利用物理学中平衡态的概念,将处于比较的物理量之间的差异逐步减小到零的状态,通过判断测量系统是否达到平衡态来实现测量。在平衡法中,并不研究待测量本身,而是与一个已知物理量或相对参考量进行比较,当两物理量差值为零时,用已知量或相对参考量描述待测物理量。利用平衡法,可将许多复杂的物理现象用简单的形式来描述,可以使一些复杂的物理关系简明化。

例如,天平、电子秤就是根据力学平衡原理设计的,可用来测量物质的质量、密度等物理量。惠斯通电桥测电阻就是一个应用平衡法的典型例子,属于桥式电路的一种。桥式电路是根据电流、电压等电学量之间的平衡原理而专门设计的电路,可用来测量电阻、电感、电容、介电常数、磁导率等电磁特性参量。

2.6　模　拟　法

模拟法是以相似原理作为理论基础,对一些特殊的研究对象(如过于庞大或微小,十分危险或过于缓慢难以测量)人为地制造一个类似的模型来进行实验的方法。模拟法能方便地使自然现象重现,可将抽象的理论具体化,可进行单因素或多因素的交叉实验,可加速或减缓物理过程的进行过程。利用模拟法可以节省时间、物力和财力,提高实验效率。

模拟法可分为物理模拟法和数学模拟法。

2.6.1　物理模拟法

物理模拟法是在模拟的过程中保持物理本质不变的方法。在物理模拟中,应满足几何相似条件和物理相似条件。几何相似条件是指按原型的几何尺寸成比例地缩小或放大,在形状上模拟原型,如对河流、水坝、建筑群体的模拟。物理相似条件是指模型与原型遵从同样的物理规律,具有同样的动力学特性。有时在满足几何相似的情况下,反而不能够满足动力学相似的条件,此时要首先考虑动力学相似性。例如,在研制飞机时,为模拟风速对机翼的压力而构建的模型飞机外表上往往与真正的飞机有很大不同。

2.6.2　数学模拟法

数学模拟法是指两个完全不同性质的物理现象或过程,利用物质的相似性或数学方程形式的相似性类比进行实验模拟,又称类比模拟。例如,静电场模拟实验中,就是利用稳恒电流场的等势线来模拟静电场的等势线。

2.7 干 涉 法

干涉法是指应用相干波干涉时所遵循的物理规律,进行有关物理量测量的方法。利用干涉法可以精确测量物体的长度、薄膜的厚度、微小的位移与角度、光的波长、气体或液体的折射率、透镜的曲率半径等,还可检验某些光学元件的表面质量。

例如,牛顿环实验中,通过对等厚干涉图样牛顿环的测量,可求出平凸透镜的曲率半径;迈克尔逊干涉仪实验中,应用干涉图样,可准确测定光的波长、薄膜厚度、微小长度或角度等;全息照相实验中,通过记录干涉条纹,可记录物光的强度与相位,从而再现物体的立体特征;声速测量实验中,利用共振干涉法可测定声速。

第3章 实验项目

实验 1　固体密度的测量

密度是物体本身的重要特性之一,不同物体的密度一般也不同。密度的测量不仅是实验的需要,而且在工农业生产中也常用来分析原料的成分和鉴定物质纯度等。因此,学会密度的测量是很重要的。本实验通过对圆柱体和圆筒的密度测量来学习各种基本测量工具的使用方法,进而掌握物体密度测量的基本方法。

【实验目的】

(1)学习游标卡尺、螺旋测微器、读数显微镜和电子天平的原理和使用方法。

(2)进一步掌握直接测量量和间接测量量的不确定度评定和有效数字的基本概念及保留方法。

(3)初步认识修正系统误差的实验方法。

【实验仪器】

游标卡尺、螺旋测微器、读数显微镜、电子天平、圆柱体和圆筒测件。

【实验原理】

1. 测圆柱体密度

圆柱体密度为

$$\rho = \frac{4m}{\pi d^2 h} \tag{3-1}$$

式中,m、d 和 h 分别为圆柱体的质量、直径和高。

在实验中,圆柱体的密度是一个间接测量量,所以其不确定度的确定需通过不确定度的传递公式来给出,即先对密度函数关系取对数

$$\ln \rho = \ln 4 + \ln m - \ln \pi - 2\ln d - \ln h \tag{3-2}$$

再求出相对不确定度

$$E_\rho = \frac{u_\rho}{\rho} = \sqrt{\left(\frac{\partial \ln \rho}{\partial m} u_m\right)^2 + \left(\frac{\partial \ln \rho}{\partial d} u_d\right)^2 + \left(\frac{\partial \ln \rho}{\partial h} u_h\right)^2}$$

$$= \sqrt{\left(\frac{1}{m}u_m\right)^2 + \left(\frac{2}{d}u_d\right)^2 + \left(\frac{1}{h}u_h\right)^2} \tag{3-3}$$

式中，u_m、u_d、u_h 分别为直接测量量 m、d、h 的绝对不确定度。

最终得到间接测量量 ρ 的绝对不确定度为

$$u_\rho = \bar{\rho} \cdot E_\rho \tag{3-4}$$

2. 测圆筒密度

圆筒密度为

$$\rho = \frac{m}{\pi h b (D-b)} \tag{3-5}$$

式中，m、h、D 和 b 分别为圆筒的质量、高度、外径和壁厚。

同理，也可求出它的绝对不确定度和相对不确定度为

$$E_\rho = \frac{u_\rho}{\bar{\rho}} = \sqrt{\left(\frac{\partial \ln \rho}{\partial m}u_m\right)^2 + \left(\frac{\partial \ln \rho}{\partial h}u_h\right)^2 + \left(\frac{\partial \ln \rho}{\partial D}u_D\right)^2 + \left(\frac{\partial \ln \rho}{\partial b}u_b\right)^2}$$

$$= \sqrt{\left(\frac{1}{m}u_m\right)^2 + \left(\frac{1}{h}u_h\right)^2 + \left(\frac{1}{D-b}u_D\right)^2 + \left(\frac{D-2b}{bD-b^2}u_b\right)^2} \tag{3-6}$$

式中，u_m、u_h、u_D、u_b 分别为直接测量量 m、h、D、b 的绝对不确定度。

最终得到间接测量 ρ 的绝对不确定度为

$$u_\rho = \bar{\rho} \cdot E_\rho \tag{3-7}$$

【实验内容及主要步骤】

1. 螺旋测微器零点校正

记录螺旋测微器的零点读数，填入表 3-1 中。

注意：读数的正负及校正的方法。

2. 圆柱体密度测量

质量 m 用电子天平测量一次；高度 h 用游标卡尺测量五次；直径 d 用螺旋测微器测量五次，数据填入表 3-2 中。

注意：测量高度和直径时要选不同位置进行测量。

3. 圆筒密度测量

质量 m 用电子天平测量一次；外径 D 和高度 h 用游标卡尺测量五次，壁厚 b 用电子显微镜测量五次，数据填入表 3-3中。

注意：测量外径、高度和壁厚时要选不同位置进行测量。

【注意事项】

（1）螺旋测微器在测量前，要先读取零点数值用于修正数据；操作时，要注意不能

直接旋转套筒使测量杆及测量砧与待测物接触,应旋转棘轮,听到两三声"嗒、嗒"响时,即可读数(见【仪器简介】)。

(2)读数显微镜在测量过程中,不允许中途改变鼓轮的转动方向。

(3)为防止计算误差过大,在中间计算过程中,数据可多取一位有效数字。

【数据记录与处理】

1. 螺旋测微器零点校正

表 3-1　螺旋测微器零点误差记录

测　量　量	测量次数			平　均　值
	1	2	3	
零点误差/mm				

2. 圆柱体密度测量

表 3-2　圆柱体密度数据记录

测　量　量	测量次数					$\bar{x}$	u_A	u_B	u
	1	2	3	4	5				
h/mm									
d/mm							—	—	
$d_{修正}$/mm									
m/g									

求圆柱的密度,并计算其不确定度。

3. 圆筒密度测量

表 3-3　圆筒密度数据记录

测　量　量	测量次数					$\bar{x}$	u_A	u_B	u
	1	2	3	4	5				
D/mm									
h/mm									
b/mm									
m/g									

求圆筒的密度,并计算其不确定度。

【预习题】

(1)试读出图 3-1 所示游标卡尺的读数。

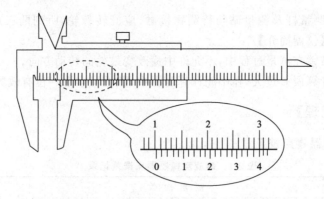

图 3-1　游标读数

（2）试读出图 3-2 中各螺旋测微器的读数。

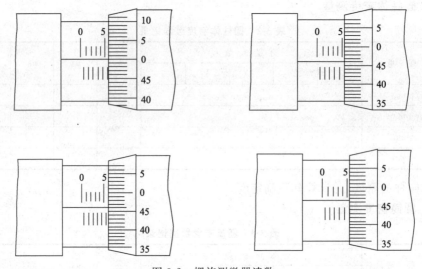

图 3-2　螺旋测微器读数

【课后作业】

（1）测定不规则固体密度时，若被测物体浸入水中时表面吸附有气泡，则实验结果所得密度值是偏大还是偏小？为什么？

（2）在用电子天平测质量时，如果开风扇吹到了电子天平，对测量结果有影响吗？

【仪器简介】

1. 游标卡尺

游标卡尺的结构如图 3-3 所示。它主要由主尺、游标、尾尺、内量爪、外量爪、锁紧螺钉六部分组成。常用的卡尺有 10 分度、20 分度、50 分度三种。卡尺在零示值时,游标上的活动量爪靠拢主尺上的量爪,游标上的零刻线与主尺的零刻线对齐。在测量时,被测长度将量爪分开,以游标零线为准线,在主尺上指示出被测长度的整毫米示值,不足毫米的部分,由游标上的刻度线读出,主尺和游标上两部分数值相加,即为待测物体的长度。现以 50 分度的游标卡尺为例说明其原理和读数方法,其余类推。

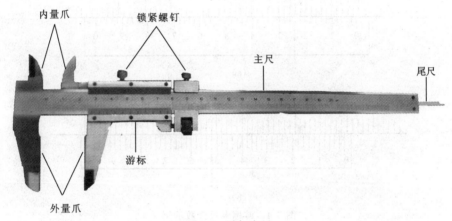

图 3-3 游标卡尺

(1)操作方法。测量时,一手拿测件,一手持尺,量爪要卡正测件,松紧适当,必要时可将锁紧螺钉旋紧,即可读数。

(2)读数原理。游标上的 n 个分度总长与主尺上 $(n-1)$ 个最小分度的总长相等,即有 $nx=(n-1)y$,式中,n 为游标分度(游标刻度线格数),x 为游标上的最小分度的长度,y 为主尺上最小分度的长度。

游标上每个分度的长度为

$$x=y-\frac{y}{n}$$

若主尺与游标最小分度差用 Δx 表示,则有

$$\Delta x=y-x=\frac{y}{n}$$

Δx 是游标卡尺能准确读出的最小单位,称为游标卡尺的最小分度值。它等于主尺的最小分度除以游标总格数。

（3）读数方法。

① 根据游标零刻度线以左的主尺上的最近刻度，读出整毫米数 l_1。

② 根据游标零刻度线以右与主尺上的刻度对准的刻度线条数乘以最小分度值，读出小数部分 l_2。

③ 将整数部分和小数部分加在一起，即为测量值 $l = l_1 + l_2$。

本实验采用 50 分度的游标卡尺，则卡尺的最小分度值为 0.02 mm。

图 3-4 所示为 50 分度的游标卡尺的读数示例，图 3-4(a)读数为 0.24 mm；图 3-4(b)读数为 10.52 mm。

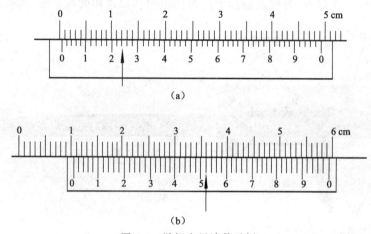

图 3-4　游标卡尺读数示例

（4）使用注意事项。

① 测量前，先将两爪合并，检查游标尺有无零点误差。若有零点误差，则须记下该值，用以修正测量结果。若游标尺零线在主尺零线左侧，则零点误差为负；若游标尺零线在主尺零线右侧，则零点误差为正。

② 保护卡尺不被损坏。不允许测量粗糙物体，更不允许被夹紧的物体在刀口内挪动；使用完毕后，两外量爪间要留有空隙，放入盒内；长期不使用时，应涂以脱水黄油，置于干燥避光处。

2. 螺旋测微器

螺旋测微器（又称外径千分尺）是比游标卡尺更精密的测量仪器。螺旋测微器的结构如图 3-5 所示。它将测微螺杆的角位移转变为直线位移的方法来进行长度的测量。

（1）操作方法。左手握住尺架，先按待测物的长度，用右手旋转活动套筒，使待测物能夹在测砧和测微螺杆之间。当测微螺杆与待测物距离较小时，就不能直接转动活动套筒了,而是旋转棘轮使其带动活动套筒一起旋转,夹住待测物。切记当听到两三声"嗒、嗒"响时,停止转动棘轮,即可读数。

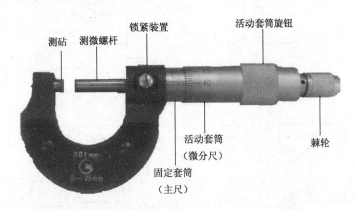

图 3-5　螺旋测微器结构

　　(2)读数原理。如图 3-5 所示,固定套筒上的水平线上、下各有一列间距为 1 mm 的刻度线,上侧刻度线在下侧两相邻刻度线中间。活动套筒上的刻度线是将圆周分为 50 等分的水平线,它是做旋转运动的。根据螺旋运动原理,当活动套筒旋转一周时,测微螺杆前进或后退一个螺距——0.5 mm,即当活动套筒旋转一个分度后,它转过了 $\frac{1}{50}$ 周,这时螺杆沿轴线移动了 $\frac{1}{50} \times 0.5$ mm = 0.01 mm,因此,使用螺旋测微器可以准确读出的最小分度值为 0.01 mm。

　　(3)读数方法。用螺旋测微器读数时,0.5 mm 以上的数值在固定套筒(主尺)上读出,不足 0.5 mm 的在活动套筒(微分尺)上读出,活动套筒上不足一格的要估读,这三者之和即为待测物的长度。

　　① 找出活动套筒边缘与固定套筒相交的位置,在固定套筒上读出整毫米和半毫米值 l_0。

　　② 不足 0.5 mm 的在活动套筒上读出,在活动套筒上找出与固定套筒的水平线对齐的位置,读出格数(不足一格时,要估读格数),即

$$l_1 = 活动套筒刻度线格数 \times 0.01 \text{ mm}$$

　　③ 待测物长度即为 $l = l_0 + l_1$,如图 3-6 所示。

　　(4)使用注意事项。

　　① 测量前,先读取零点误差,如图 3-7 所示,注意其正负及校准。

　　② 不论读取零点误差还是夹物测量时,都不准直接旋转活动套筒使测量杆和测砧(或待测物)接触,而应旋转棘轮,当听到两三声"嗒、嗒"响时,即可读数。

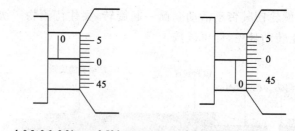

$l=0.5+0.6\times0.01$ mm$=0.506$ mm $\qquad$ $l=0+49.7\times0.01$ mm$=0.497$ mm

图 3-6　螺旋测微器读数示例

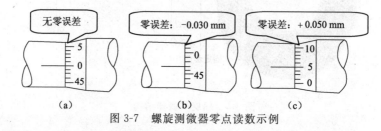

图 3-7　螺旋测微器零点读数示例

③ 使用完毕,要将测量杆和测砧之间松开一段距离放于盒中,以免气候变化,受热膨胀使两测量面间过分挤压而受损。

3. 读数显微镜

读数显微镜是一种精确测量微小长度的仪器。主要由用于观察的显微镜(视角放大)和用于测量的螺旋测微装置(螺旋放大)两部分组成。实验室常用的读数显微镜的结构如图 3-8 所示。

(1)操作方法。

① 将待测物置于工作台上,调节工作台下的反光镜角度使光线透过工作台的玻璃照亮被测物。

② 调节目镜,看清十字叉丝。使十字叉丝方向与工作台的 x,y 方向一致。具体调节步骤:先粗调,松开止动螺钉,转动目镜,使目镜中观察到的叉丝尽量横平竖直。再细调,微转目镜筒,使圆柱与横叉丝相切,然后转动微调手轮,若圆柱一侧始终与横叉丝相切,则十字叉丝与 x,y 方向一致,否则,需再微调目镜,重复操作,直到圆柱一侧始终与横叉丝相切为止。

③ 调节调焦手轮,先将镜筒下降,使物镜接近被测物表面,然后缓缓上升,直到从目镜中可观测到被测物的清晰像为止。

④ 调节鼓轮,使被测物的测量位置进入视场并与叉丝相切,即可测量。

⑤ 测量被测物长度或厚度。例如测量圆筒厚度:第一步,转动鼓轮,先使物像与竖叉丝相离,然后再反向转鼓轮,使物像靠拢竖叉丝,直到物像一侧与竖叉丝相切,如图 3-9(a)所示,记录 x 轴的读数 x_1;第二步,沿同一方向再继续转动鼓轮,使物像越过竖叉丝在另一

侧与竖叉丝相切,如图 3-9(b)所示,再记录 x 轴的读数 x_2。被测物长度(或厚度)为
$l=|x_1-x_2|$。

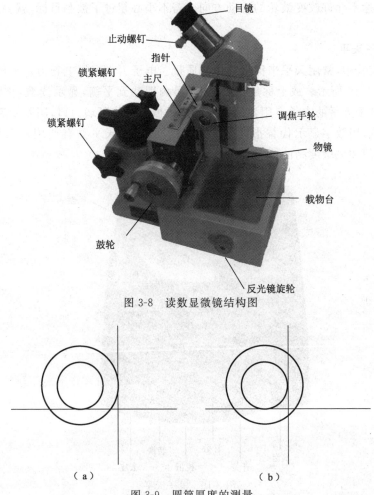

图 3-8　读数显微镜结构图

（a）　　　　　　　　　（b）

图 3-9　圆筒厚度的测量

　　(2)读数原理。读数显微镜的螺旋测微装置是一个类似于螺旋测微器的移动装置。当鼓轮转动时,镜筒就会来回移动,从目镜中可以看到十字叉丝在视场中移动,从固定标尺和鼓轮上就可读出十字叉丝的移动距离。固定标尺上的最小刻度是 1 mm,鼓轮转动一周,镜筒就移动 1 mm。鼓轮上刻有 100 个等分格,鼓轮转动一格,镜筒移动 0.01 mm。

　　(3)读数方法。在记录物像与竖叉丝的相切位置时,应先读出固定标尺上的整毫米数,小于 1 mm 的部分从鼓轮上读出,两部分之和就是此时读数显微镜的位置坐标

值。(详细读数方法可参考螺旋测微器的读数)

(4)使用注意事项。测量中,为了消除螺纹间隙误差(空程误差),鼓轮应朝同一方向转动,中途不允许改变鼓轮的转动方向。若不小心超过了被测目标,就要退回,再重新测量。

4. 电子天平

物理实验中,常用天平来称量物体的质量。电子天平根据电磁力矩平衡原理直接称量,如图 3-10 所示。放上称量物后,在几秒内即达到平衡,显示读数,称量速度快,精度高。电子天平的支承点用弹性簧片取代机械天平的玛瑙刀口,用差动变压器取代升降枢装置,用数字显示代替指针刻度式。因而,电子天平具有使用寿命长、性能稳定、操作简便和灵敏度高的特点。

托盘

气泡　开关　计数　校正　转换　去皮

图 3-10　电子天平

(1)使用方法。

① 水平调节:观察水平仪,调整水平调节脚(即底部四个螺钉),使气泡位于水平仪中心。

② 预热:连接电源后,按电源开关键开机,天平显示自检信息后,显示"0.0 g"或"0.00 g",再预热约 15 min。

③ 校正:预热后天平显示零点时,按下校正键,天平显示"C500 g"进入校正状态,此时放上 500 g 的校正砝码,待稳定后天平显示"500.00 g",取下砝码校正完成,此时便可进行正常称量。

④ 称量：将被称物体放上天平托盘中央，待天平显示稳定符号后即可读数，注意物体重量不可超出天平称量范围，若超出将显示"Err—H"以示警告。

⑤ 去皮：如零点偏离，可按去皮键归零；如需去除器皿皮重，则先将器皿放于秤盘上，待显示稳定后按去皮键归零，然后将被称物体放于器皿上，即可读数；拿掉物体和器皿，天平显示负值，仍可按去皮键归零。

⑥ 单位转换：按单位转换键可选择所需的单位，在 g（克）、oz（盎司）和 ct（克拉）三种称量单位之间变换。

（2）注意事项。

① 天平为精密仪器，勿压，勿摔，勿扔，称重物体时应小心轻放。

② 天平应放在平坦台面上称重，工作环境应防止大的震动（如风扇转动和桌子震动等）和电磁干扰。

③ 天平的各部分及砝码都需要防锈、防蚀。高温物体、液体及腐蚀性的化学药品都不能直接放在托盘里称量。

④ 天平工作前应保证通电后的预热时间。

⑤ 在停电时，可用 15 V 的蓄电池代替工作。

（3）故障排除。

表 3-4 给出了电子天平出现的故障原因及故障排除的方法。

表 3-4　电子天平故障原因及排除方法

显示屏显示	故障原因	故障排除方法
CH—1	主芯片损坏	更换主芯片
CH—3	天平某功能键损坏	更换按键
CH—5	称重电路零件损坏	更换零件
CH—6	校正数据丢失	按校正键不放重新开机，待显示"Load—F"时放开，再重新校正天平
Err—L	轻载或传感器损坏	检查是否未放置托盘或更换传感器
Err—H	超载或传感器损坏	检查是否超重或更换传感器
Err—1	称重电路零件损坏	更换零件
C—E2 C—E3	校正错误	重新开机待稳定后显示零位时，再重新校正
0	零位不稳	检查托盘是否有触碰，是否有震动和风等原因

（4）单位转换。

1 ct＝0.199 969 4 g

1 oz＝31.103 476 8 g

实验 2　示波器的使用

示波器是一种用途十分广泛的电子测量仪器。它能把肉眼看不见的电信号变换成看得见的图像,便于人们研究各种电现象的变化过程。示波器利用狭窄的、由高速电子组成的电子束,打在涂有荧光物质的屏面上,就可产生细小的光点。在被测信号的作用下,电子束就好像一支笔的笔尖,可以在屏面上描绘出被测信号瞬时值的变化曲线。利用示波器能观察各种不同信号幅度随时间变化的波形曲线,还可以测试各种不同的电学量,如电压、电流、频率、相位差、幅度等。正确使用示波器是进行电子测量的前提。

第一台示波器由一个示波管、一个电源盒和一个简单的扫描电路组成,当前已经由通用示波器发展到采样示波器、记忆示波器、数字存储示波器、逻辑示波器、智能化示波器等多种系列,它们是实验室或仪器生产过程中常用的仪器之一。

【实验目的】

(1)了解示波器的基本结构和工作原理,熟悉使用示波器和信号发生器的方法。

(2)掌握用示波器测电信号的电压、周期、频率和相位差的方法。

(3)学会利用李萨如图形测未知信号频率的方法,并加深对于互相垂直振动合成理论的理解。

【实验仪器】

双通道示波器一台,双路数字功率信号发生器一台,专用信号源一台,视频线两根,探极两根。

【实验原理】

1. 示波管的结构和基本原理

示波管的结构如图 3-11 所示,示波管由电子枪、x 轴偏转板、y 轴偏转板和荧光屏组成。电子枪发射出的电子进入到偏转板中,即 x 轴偏转板和 y 轴偏转板。如果在 x 偏转板加电压,电子束受到水平电场的作用而在水平方向上发生偏转;如果在 y 偏转板上加电压,电子束受到竖直电场的作用而在竖直方向上发生偏转。电子束通过偏转板时受到电场力的作用而发生偏转,荧光屏上亮斑的位置也就随之改变。

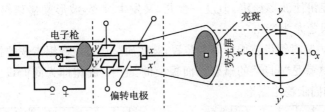

图 3-11　示波管的结构

2. 示波器显示波形的原理

如图 3-12(a)所示,如果在 x 轴偏转板上加一锯齿波电压(y 轴偏转板上不加电压),这时荧光屏上的亮斑由 A 匀速地向 B 移动,到 B 后又马上返回 A,并不断重复这一过程,我们把电子束沿 x 轴方向从左向右匀速移动的过程称为**扫描**。由于荧光材料具有一定的余辉时间,于是在荧光屏上呈现出一条水平的扫描亮线。如果在 y 轴偏转板上加一锯齿波电压(x 轴偏转板上不加电压),则在荧光屏上呈现一条竖直的扫描亮线。

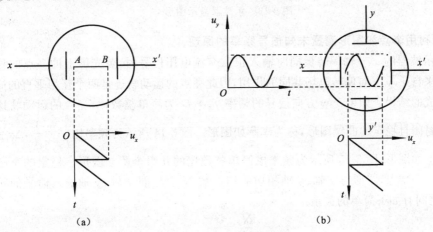

(a)　　　　　　　　　　　　　　　(b)

图 3-12　示波器扫描原理

若在 y 轴偏转板上加上一个正弦交流电压信号,同时在 x 轴上加锯齿波电压,如图 3-12(b)所示,则电子束不仅受到水平方向电场的作用,而且同时受到竖直方向电场的作用,电子的运动将是两个相互垂直运动的合成。

3. "同步"概念

为了获得稳定的波形,锯齿波电压的周期 T_x 和信号波形的周期 T_y 之间应满足 $T_x = nT_y(n=1,2,3,\cdots)$ 成立,从而使示波器上出现稳定的、数目合适的完整波形。

但是,输入 y 轴的被测信号与示波器内部的扫描锯齿电压信号是互相独立的。由于环境或其他因素的影响,它们的周期或频率可能发生微小的改变,这时虽可通过人工调节扫描微调旋钮使波形稳定,但过一会儿,又发生改变,波形又移动起来。在观察高频信号时这一问题尤为突出。

为此,示波器内装有锯齿波周期调节装置,其实质是通过改变锯齿波的扫描周期,进而满足 $T_x=nT_y$,这就是"同步"的概念。面板上的"电平"旋钮即为此而设。图 3-13 分别给出了不同步和同步稳定图形。

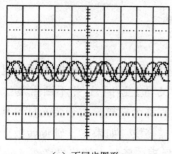 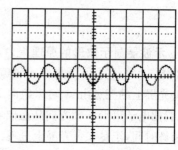

(a) 不同步图形   (b) 同步稳定图形

图 3-13   示波器显示图形

4. 利用李萨如图形测量未知信号频率的原理

当示波器的 x,y 轴偏转板同时输入正弦交流电压信号时,荧光屏上的亮点的移动将受到来自 x,y 方向偏转电场共同的作用,因此亮点的运动轨迹是两个互相垂直的简谐振动合成的结果。如果 x,y 方向信号的频率 $f_x:f_y$ 为简单整数比,亮点的运动轨迹将是一个封闭且稳定的曲线图形,称为**李萨如图形**。图 3-14 所示为频率比 $\frac{f_x}{f_y}=\frac{1}{2}$,$\Delta\varphi=\frac{\pi}{4}$ 时的李萨如图形,图 3-15 所示为频率成简单整数比的几组李萨如图形。稳定的李萨如图形有一个特点,图形与 x 轴、y 轴相切的切点数 N_x、N_y 同 x 轴、y 轴输入信号的频率 f_x、f_y 之间有如下简单的关系:

$$\frac{N_x}{N_y}=\frac{f_y}{f_x}\qquad(3\text{-}8)$$

如果式(3-8)中 f_x 为已知,则可由李萨如图形与 x 轴、y 轴相切的切点数 N_x、N_y 之比来计算未知频率。

5. 基本计算公式

(1)交流信号电压周期＝SEC/DIV×一个完整周期所占的水平主格数。

(2)信号图形某点电压值＝VOLTS/DIV×测量点到零点所占的竖直主格数。

(3)相位差＝$\dfrac{\text{测量点水平距离 }\Delta x}{\text{一个周期的水平距离 }\Delta x_0}\times 2\pi$。

(4)利用李萨如图形测量未知信号频率:$f_y=\dfrac{N_x}{N_y}f_x$。

注意:DIV 表示主格(即屏幕上的大格),每个主格有 5 个小格。

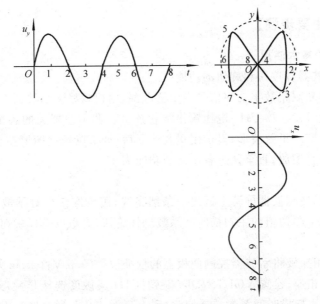

图 3-14　频率比为 1：2 时的李萨如图形

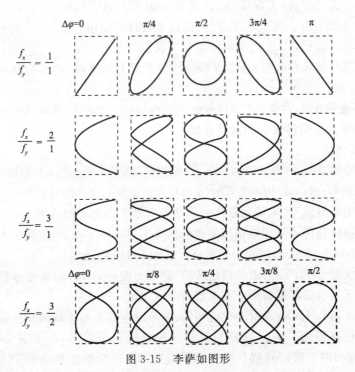

图 3-15　李萨如图形

【实验内容及主要步骤】

1. 示波器的基本使用

(1)熟悉示波器各按钮和旋钮的功能。

打开示波器和双路数字功率信号发生器电源,用视频线将示波器 CH1(X)通道与双路数字功率信号发生器 CH1 电压输出端相连。轻调示波器上的各个旋钮,直到示波器上显示出稳定的正弦波形;显示出正弦波形后,调节旋钮使图形左右移动、上下移动,水平缩放、竖直缩放;直至熟悉各个旋钮功能为止。

(2)校准。

拆掉视频线,在示波器屏幕上调出一条细亮线;用校准信号对示波器 CH1(X)通道和示波器 CH2(Y)通道的主扫描时间系数选择旋钮、灵敏度选择旋钮(即电压系数)进行校准和修正。

具体步骤:用探极将示波器控制面板上的校准信号(0.5 V;1 kHz 方波)端与示波器 CH1(X)通道相连;设置 VOLTS/DIV 旋钮(CH1 灵敏度选择开关)到 0.5 V/DIV,设置 SEC/DIV(主扫描时间系数选择旋钮)到 0.5 ms/DIV;通过位移旋钮将波形图像调整到一个合适的位置(方便读格)。调节 VOLTS/DIV 的校准"微调"旋钮,使波形在 y 方向占 1 个大格。调节 SEC/DIV 的校准"微调"旋钮,使得一个周期在水平方向上占 2 个大格。这样,CH1 通道的校准就完成了。

把校准信号接入示波器 CH2(Y)通道,并重复上述操作,对示波器 CH2(Y)通道进行校准。

注意:校准完成后,在整个实验过程中,需要保证这三个校准"微调"按钮不再调节!

2. 观察输入信号波形并测量其参数

(1)电压测量。

电压信号如果用 $u = A + B\cos(\omega t + \varphi_0)$ 来描述,则当 $B=0$ 时,u 为直流信号;当 $A=0$ 时,u 为交流信号;当 A,B 均不为零时,u 为带直流偏置的交流信号。

调节专用信号源至"电压测量",分别测量信号 1,2,3,4 的 A 和 B。

测量时把红色夹子接到专用信号源的信号 1 电压输出端上,把黑色夹子接在专用信号源的 GND 上,探极的探头仍然接在示波器 CH1(X)通道端。

按下示波器 CH1(X)通道的接地按钮,调节示波器 CH1(X)通道垂直位移旋钮将水平亮线调至与示波器屏幕中心水平线重合。

弹出示波器 CH1(X)通道的接地按钮;调节示波器上相关旋钮和按钮(注意:不能再调节垂直位移旋钮),在示波器上观察到稳定的信号波形,记录灵敏度选择旋钮(VOLTS/DIV)的示数、AC 耦合时波形顶点到谷点的竖直主格数和 DC 耦合时波形顶点到零点的竖直主格数,计算信号 1 的 A、B 值,填入表 3-5。

重复以上步骤,分别测出信号 2,3,4 的 A,B 值,填入表 3-5。

注:信号 1 和 2 是直流电压信号,信号 3 和 4 是带偏置的交流信号。

(2)周期/频率测量。

调节专用信号源至"周期/频率测量",信号 1～4 输出四路频率不同的正弦波信号,先测出周期再计算频率。

接线方式与电压测量相同。

测量时调节主扫描时间系数选择旋钮(SEC/DIV),使得信号尽可能多地占据示波器屏幕(显示 1～2 个完整的波形)。记录主扫描时间系数选择旋钮(SEC/DIV)的示数、一个周期的水平主格数,并计算周期和频率,填入表 3-6。

如果信号为高频信号,信号波形较密,测量时可选择"×5"扩展,将波形展开;也可利用多个周期求平均的办法获得信号的周期。

(3)相位差测量。

相位差是指两个同周期信号之间的相位差别。调节信号源至"相位差测量",信号 1～4 输出四路周期相同的正弦波信号,测量信号 1 与信号 2,3,4 之间的相位差,如图 3-16 所示,测出测量点水平距离 Δx 和一个周期水平距离 Δx_0,测量数据及结果填入表 3-7。

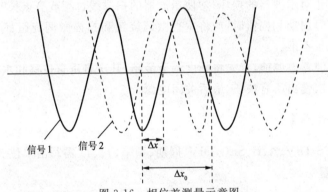

图 3-16　相位差测量示意图

测量时将信号 1 接到示波器 CH1(X)通道,依次将信号 2,3,4 接到示波器 CH2(Y)通道。示波器选择双踪显示模式,即控制面板工作方式选择中的 CH1 和 CH2 两个按钮都按下去。

3. 观察李萨如图形,并利用李萨如图形测量未知信号的频率

(1)观察李萨如图形。

打开双路数字功率信号发生器,将通道 1 和通道 2 的信号波形均调为正弦波形。

用两根视频线将双路数字功率信号发生器的 CH1 电压输出端和 CH2 电压输出端分别接到示波器的 CH1(X)通道和 CH2(Y)通道。

调节主扫描时间系数选择旋钮,使示波器工作方式为 X－Y 工作方式,此时在荧光屏上将出现两个相互垂直的简谐振动合成后的图形。

调节双路数字功率信号发生器 CH1 电压输出端输出信号的频率,观察不同频率比时的李萨如图形,并验证其图形和 x,y 方向的切点个数 N_x,N_y 与信号频率 f_x,f_y 之间是否满足 $\dfrac{N_x}{N_y}=\dfrac{f_y}{f_x}$ 关系。相关数据及图形填入表 3-8。

(2)利用李萨如图形测量未知信号频率。

调节专用信号源至"李萨如图形测量频率"模式,利用李萨如图形测量该信号源输出信号 2,3,4 的频率。

专用信号源的输出信号 1 作为已知信号,频率为 70 Hz,将该信号输入到示波器 X 通道,作为 f_x;专用信号源的输出信号 2,3,4 为未知信号,将该信号依次输入到示波器 Y 通道,作为 f_y;荧光屏上将出现两个相互垂直的简谐振动合成后的图形,根据 $f_y=\dfrac{N_x}{N_y}f_y$ 即可测出未知信号 f_y 的频率,并将图形和 f_y 的频率填入表 3-9。

【注意事项】

(1)为了防止对示波器的损坏,勿使示波器的扫描线过亮或亮点长时间静止不动。

(2)测量信号周期和幅值时,应将垂直微调旋钮和扫描微调旋钮都调到"校准"位置,否则测量结果不准。

(3)关闭示波器电源前,首先将辉度调至最暗,其次将垂直位移和水平位移旋钮逆时针旋到底,再次弹出所有按钮,最后关闭电源。

【数据记录与处理】

注:VLO TS/DIV、A、B、SEC/DIV、周期、频率、f_x、f_y 需写出单位。

1. 电压测量

表 3-5　电压测量数据记录表

信号	VOLTS/DIV	DC 耦合时波形顶点到零点的竖直主格数	DC 耦合时波形谷点到零点的竖直主格数	A	B
信号 1					
信号 2					
信号 3					
信号 4					

2. 周期/频率测量

表 3-6　周期/频率测量数据记录表

信　号	SEC/DIV	一个周期的水平主格数	周　期	频　率
信号 1				
信号 2				
信号 3				
信号 4				

3. 相位差测量

表 3-7　相位差测量数据记录表

信　　号	测量点水平距离	一个周期水平距离	相　位　差
信号 1 和信号 2			
信号 1 和信号 3			
信号 1 和信号 4			

4. 观察李萨如图形

表 3-8　李萨如图形数据记录表

图　形	记录李萨如图形	$\dfrac{N_x}{N_y}$	f_x	f_y
图形 1				
图形 2				
图形 3				
图形 4				

5. 利用李萨如图形测量未知信号频率

表 3-9　李萨如图形测量频率数据记录表

信　号	记录李萨如图形	$\dfrac{N_x}{N_y}$	f_x
信号 2			
信号 3			
信号 4			

【预习题】

(1) 开机后,应正确调节哪些旋钮和按钮,使屏幕上显示一条亮度适中、粗细适中、位置适中且清晰的扫描线?为什么一般不让显示屏上长时间只显示一个亮点?

(2) 示波器荧光屏上正弦波形左右运动,或者出现一条宽的水平光带,如何调节才能出现稳定的正弦波形?

(3) 示波器的两种基本显示功能为扫描信号波形图和李萨如图形,这两种波形的显示原理有何相同点和不同点?

【课后作业】

(1) 如果观察正弦信号时,波形向左运动,要想使波形稳定,应增大扫描频率还是减小扫描频率?

(2) 李萨如图形不稳定(不断翻转)是何原因?怎样使其稳定下来?加大触发电平是否可行?为什么?

【仪器简介】

下面介绍示波器、双路数字功率信号发生器和专用信号源这三种仪器常用按钮及旋钮的功能。

1. 示波器

示波器的控制面板如图 3-17 所示，其功能简介如表 3-10 所示。

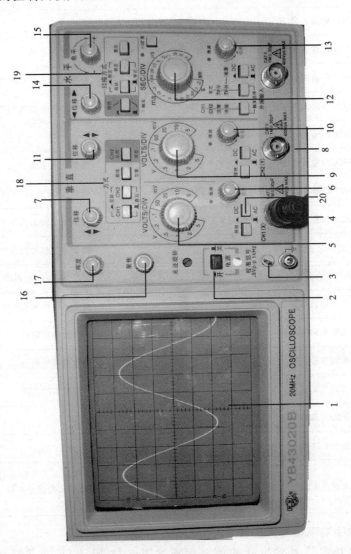

图 3-17　示波器控制面板

表 3-10　示波器控制面板功能简介

序　号	控 件 名 称	功　　能
1	显示屏	显示信号波形
2	电源开关	
3	校准信号输出端	输出 0.5 V,1 kHz 方波
4	CH1(X)输入通道	
5	CH1(X)输入通道 VOLTS/DIV 系数	调节电压系数
6	CH1(X)输入通道 VOLTS/DIV 系数微调旋钮	校准 VOLTS/DIV 系数
7	CH1(X)输入通道垂直位移调节旋钮	图形的垂直位置调节
8	CH2(Y)输入通道	
9	CH2(Y)输入通道 VOLTS/DIV 系数	调节电压系数
10	CH2(Y)输入通道 VOLTS/DIV 系数微调旋钮	校准 VOLTS/DIV 系数
11	CH2(Y)输入通道垂直位移调节旋钮	调节图形的垂直位置
12	SEC/DIV 系数旋钮	调节主扫描时间系数
13	SEC/DIV 系数微调旋钮	校准 SEC/DIV 系数
14	水平位移调节旋钮	调节图形的水平位置
15	触发电平调节旋钮	调节波形稳定性,即"同步"
16	聚焦调节旋钮	调节图形的粗细
17	辉度调节旋钮	调节图形的亮度
18	工作方式选择	
19	扫描方式选择	
20	输入耦合方式	选择输入信号的耦合方式,即 AC(仅显示交流信号)/DC(交流直流同时显示)

2. 双路数字功率信号发生器

双路数字功率信号发生器的控制面板如图 3-18 所示,其功能简介如表 3-11 所示。

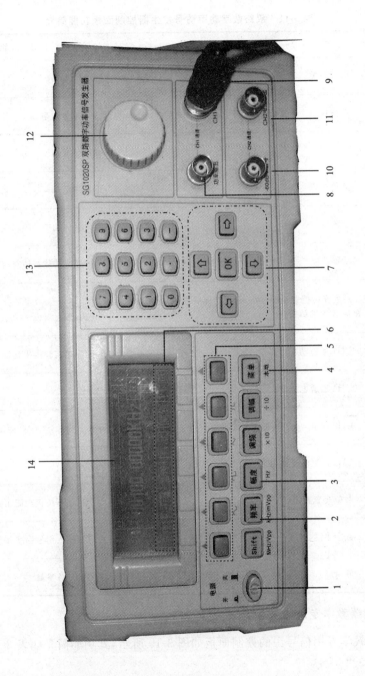

图 3-18 双路数字功率信号发生器控制面板

表 3-11 双路数字功率信号发生器控制面板功能简介

序 号	控件名称	功 能
1	电源开关	
2	频率按钮	显示信号频率
3	幅度按钮	显示信号幅度
4	菜单按钮	返回主菜单
5	功能按钮区	与6区内功能选项对应
6	功能选项	与5区内功能按钮对应
7	左右光标位置选择按钮,上下光标所在位数值改变按钮,OK 为确认按钮	
8	CH1 通道功率输出端	声速测量实验将用到该输出端
9	CH1 通道电压输出端	
10	CH2 通道−60 dB 小信号输出端	
11	CH2 通道电压输出端	
12	数值改变旋钮	与7区上下按钮功能相同
13	数字小键盘	可直接输入信号幅度和频率等参数
14	显示屏	显示信号各参数

3. 示波器教学专用信号源

示波器教学专用信号源的控制面板如图 3-19 所示,其功能简介如表 3-12 所示。

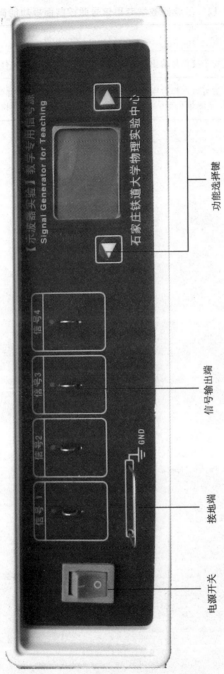

图 3-19 示波器教学专用信号源控制面板

表 3-12 示波器教学专用信号源控制面板功能简介

控 件 名 称	功　　能
接地端和信号输出端	红色夹子接信号输出端输出信号时,需将黑色夹子夹住接地端
功能选择键	按该键可以选择数字专用信号源的工作模式,即测前准备、电压测量、周期/频率测量、相位差测量和李萨如图形测量信号频率等五种工作模式

实验 3　万用表的使用

万用表又称多用表,是一种多功能、多量程的测量仪表。一般的万用表可以测量直流电压、直流电流、交流电压、电阻和音频电平等电学量,有些万用表还可以测量交流电流、电容量、电感量、晶体管的共发射极直流放大倍数 h_{FE} 等电参数。随着数字显示电路的发展,数字式万用表已经普及开来,甚至出现了使用微处理器的万用表。由于万用表具有功能多、量程多、使用方便、体积小、便于携带和价格较低等优点,所以广泛应用于科学实验和生产生活中,更是从事电子电器安装、调制和维修的必备仪表。

【实验目的】

(1)学会使用万用表测量交流电压、直流电压、直流电流和电阻。

(2)掌握电表接入误差的概念和计算方法。

(3)掌握使用万用表检查线路故障的方法,并对黑盒子进行分析。

【实验仪器】

指针式万用表,数字式万用表,直流稳压稳流电源,滑线变阻器,直流电阻箱,电阻板,伏特表,毫安表,黑盒子,单、双刀开关,导线若干。

【实验原理】

1. 万用表的电路原理

(1)测直流电压的原理。如图 3-20(a)所示,在表头上串联一个适当的电阻(倍增电阻)进行降压,就可以扩展电压量程,改变倍增电阻的阻值,从而改变电压的测量范围。

(2)测直流电流的原理。如图 3-20(b)所示,在表头上并联一个适当的电阻(分流电阻)进行分流,就可以扩展电流量程,改变分流电阻的阻值,从而改变电流的测量范围。

(3)测交流电压的原理。如图 3-20(c)所示,因为表头是直流表,所以测量交流时需加一个并串式半波整流器,将交流进行整流变成直流后再通过表头,就可以根据直流电压的大小来测量交流电压。扩展交流电压量程的方法与直流电压量程近似。

(4)测电阻的原理。如图 3-20(d)所示,在表头上并联和串联适当的电阻,同时串接一节电池,使电流通过待测电阻,根据电流大小,就可以测量电阻值。改变分流电阻的阻值,就能改变电阻的量程。

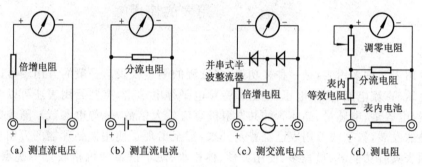

(a) 测直流电压　　(b) 测直流电流　　(c) 测交流电压　　(d) 测电阻

图 3-20　万用表内部电路原理图

2. 万用表检测电路

万用表经常被用来检查电路,查找故障。一般故障大致有三种:导线内部断线,开关或接线柱接触不良,以及电表或元件内部损坏。这些故障有的是可以根据发生的现象,如故障电路中仪表指针的偏转、指示灯不亮等分析判断,有的则不能,这就需要用万用表来检查,方法有两种:

(1)电压表法(伏特计法)。首先要正确理解电路原理,了解电路电压的正常分布。然后在电源接通的情况下,从电源两端开始沿(或逆)电流方向逐个检查各接点电压分布。出现电压反常之处,就是故障之所在。

(2)欧姆表法。必须将电路逐段拆开,并且要特别注意将电源和电表断开,而且应该使待测部分无其他分路。再用欧姆表检查无电源部分的电阻分布,特别要检查导线和接触点通不通。

3. 电表的接入误差

万用表存在一定的内阻。测量电压、电流时,由于万用表接入,会改变原电路参数,所以必须考虑接入误差。

(1)电压表的接入误差。

如图 3-21(a)所示,电压表未接入时,A,B 两点电压为

$$U_{AB} = \frac{R_1 E}{R_1 + R_2} \tag{3-9}$$

当电压表接在 A,B 两端时,由于电压表有一定的内阻 R_V,则电压表测量值为

$$U'_{AB} = \frac{\dfrac{R_1 R_V}{R_1 + R_V} E}{\dfrac{R_1 R_V}{R_1 + R_V} + R_2} \tag{3-10}$$

二者不等，令 $\Delta U = U_{AB} - U'_{AB}$，称为电压表的**接入误差**，则有

$$\frac{\Delta U}{U'_{AB}} = \frac{\dfrac{R_1 R_2}{R_1 + R_2}}{R_V} \tag{3-11}$$

即

$$\frac{\Delta U}{U_{测}} = \frac{R_{等}}{R_V} \tag{3-12}$$

式中，$R_{等}$ 为以电压表的接入点 A,B 为考察点，将电源视为短路时的等效电阻。

由式（3-12）可计算出电压表的接入误差 ΔU，然后对测量值加以修正：

$$U = U_{测} + \Delta U \tag{3-13}$$

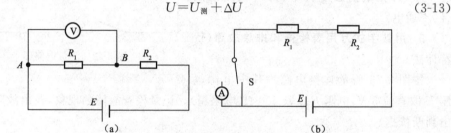

图 3-21　接入误差电路图

（2）电流表的接入误差。

如图 3-21（b）所示，同电压表接入误差类似，得电流表的接入误差为

$$\frac{\Delta I}{I_{测}} = \frac{R_A}{R_{等}} \tag{3-14}$$

式中，$R_{等}$ 是以电流表接入点为考察点，视电源为短路时，回路的等效电阻，即 $R_{等} = R_1 + R_2$。

由式（3-14）可算出电流表的接入误差 ΔI，然后对测量值加以修正：

$$I = I_{测} + \Delta I \tag{3-15}$$

【实验内容及主要步骤】

1. 认识万用表

熟悉指针式和数字式万用表的控制面板上各按钮和旋钮等的功能及使用方法。

2. 用万用表测量交流电压、直流电压、直流电流和电阻

（1）测量市电交流电压。

分别用指针式和数字式万用表测量市电交流电压。

注意：手不可接触表笔金属部分。将所选挡位类别、量程及测量值记入表 3-13。

（2）用指针式万用表测量直流电压。

按图 3-22 所示连接电路。电源电压取直流 5 V,选择合适的量程分别测出 U_{ab}、U_{bc}、U_{cd} 和 U_{ad},并根据量程计算电表内阻（电表内阻等于电表灵敏度乘以量程,本实验电表灵敏度为 20 kΩ/V）及接入误差。将得到的数据记入表 3-14。

（3）用指针式万用表测量直流电流。

选择合适的量程（这里使用 50 μA 量程）测出图 3-22 所示电路中的电流 I,并计算电流修正值,将数据记入表 3-15。该量程的电表内阻 r_g 已给出。

（4）测量电阻值。

分别用指针式和数字式万用表测量电阻板上的待测电阻的阻值。将数据记入表 3-16。

注意:测量前必须调零,并使电路不闭合、不通电。

3. 用数字式万用表检查和排除故障（伏特计法）

按图 3-23 所示连接电路。其中电源电

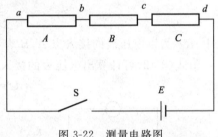

图 3-22   测量电路图

压 E 取直流 5 V,电阻 $R_{f h'}$ 取 500 Ω（电阻箱）。记录检查故障的现象,找出故障点,写出判断依据。

4. 黑盒子（选做）

如图 3-24 所示,用数字式万用表判断黑盒子内的元器件及其连接情况（内部为非完整电路）。元器件有干电池（3 V）、电容器、电阻、二极管,每种元件只有一个。

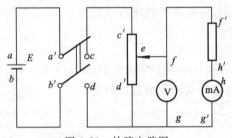

图 3-23   故障电路图

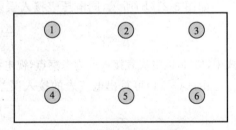

图 3-24   黑盒子

【注意事项】

（1）必须根据被测量量的种类、大小,将转换开关拨至合适的位置。

（2）用万用表时应注意:

① 测量电流时,必须串联在电路中,测量电压时,应该与待测对象并联。

② 用指针式万用表测直流电路的电压和电流时,表笔正负不准接反;测电压时红

表笔接高电势点,黑表笔接低电势点;测电流时,电流从红表笔进,从黑表笔流出。

② 手执表笔时,手不能接触任何金属部分。

③ 测量时应采用跃接法,即在用表笔接触测量点的同时,注视电表指针偏转情况,并随时准备在出现不正常的现象时,使表笔离开测量点。

(3)使用欧姆挡时应注意:

① 每次换挡后都要重新调节欧姆零点。

② 不准测通电的电阻,不准测额定电流极小的电阻(如灵敏电流计的内阻)。

③ 测量时,不能两手同时接触两个表笔笔尖,测高电阻时尤其注意。

(4)万用表使用完毕后,应调至交流电压最大挡位。

(5)欧姆挡不可带电测量。

【数据记录与处理】

1. 市电交流电压的测量

表 3-13　市电交流电压测量数据表

电 表 类 别	挡位类别	量　　程	测　量　值
指针式			
数字式			

2. 直流电压的测量

表 3-14　直流电压的测量数据表

量值	U_{ab}	U_{bc}	U_{cd}	U_{ad}
估算值				
量程				
表的内阻				
测量值				
接入误差				
修正值				

3. 直流电流的测量

表 3-15　直流电流的测量数据表

量值	回路电流 I	量　　程	内　　阻
估算值	—		—
测量值		50 μA	5.0 kΩ
接入误差			
修正值	—		—

4. 电阻的测量

表 3-16　电阻测量数据表

电表类别		电阻 A	电阻 B	电阻 C
指针式	电阻挡			
	中值电阻			
	测量值			
数字式	电阻挡			
	测量值			

5. 用数字式万用表检查和排除故障（伏特计法）

记录实验现象，并据此判断故障点及故障原因。

6. 黑盒子（选做）

通过测量画出黑盒子中的电路图，并标注元器件名称。

【预习题】

(1)人体安全电压、生活用电、动力电压各为多少？
(2)在测量电压或者电流时，如果不知道待测值的大小，应该如何选择量程？

【课后作业】

(1)用完万用表后，为什么要把转换开关放在交流电压最大挡？
(2)为什么不宜用欧姆计测量表头内阻？
(3)能否用欧姆计测量电源内阻？

【仪器简介】

1. 万用表

万用表是最常用的仪表之一，它可以测量交流和直流电压、电流，还可以测量电阻，用途很广。图 3-25 所示为 MF47 型指针式万用表和山创 DT9205A+ 数字式万用表。

(1)指针式万用表。指针式万用表由表头、转换开关和测量电路三部分组成。表头采用一只灵敏的磁电式直流电流表（微安表），表头不能通过大电流，必须串联或并联一些电阻进行分流或降压，从而测出电路中的电流、电压和电阻等物理量。

(2)数字式万用表。当前数字式万用表已成为主流，有取代指针式万用表的趋势。与指针式万用表相比，数字式万用表灵敏度高，准确度高，显示清晰，过载能力强，便于携带，使用更简单。

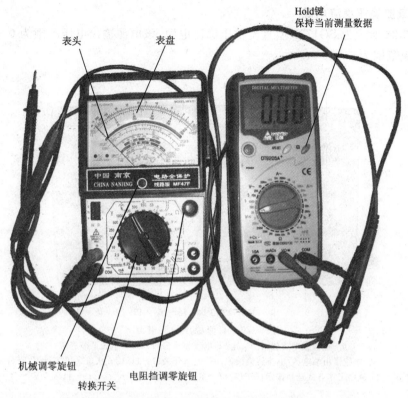

图 3-25　指针式万用表和数字式万用表

使用数字式万用表时需注意以下几点：

①　如果无法预先估计被测电压或电流的大小，则应先拨至最高量程挡测量一次，再视情况逐渐把量程减小到合适位置。测量完毕，应将量程开关拨到最高电压挡，并关闭电源。

②　满量程时，仪表仅在最高位显示数字"1"，其他位均消失，这时应选择更高的量程。

③　测量电压时，应将数字式万用表与被测电路并联。测电流时应与被测电路串联，测交流量时不必考虑正、负极性。

④　当误用交流电压挡去测量直流电压，或者误用直流电压挡去测量交流电压时，显示屏将显示"000"，或低位上的数字出现跳动。

⑤　禁止在测量高电压（220 V 以上）或大电流（0.5 A 以上）时换量程，以防止产生电弧，烧毁开关触点。

⑥　当显示"BATT"或"LOWBAT"时，表示电池电压低于工作电压。

2. 直流稳压稳流电源

图 3-26 所示为 SG1732 型直流稳压稳流电源,该电源输出电压范围为 0~30 V,输出电流范围为 0~10 A。

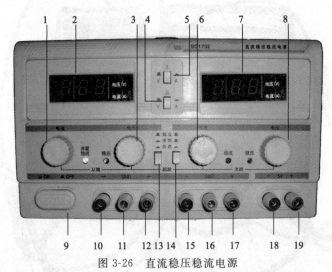

图 3-26 直流稳压稳流电源

1/6—电流调节旋钮;2/7—电压/电流显示窗口;3/8—电压调节旋钮;
4/5—从/主路输出端电压/电流转换按钮;9—电源开关;10/11/12—从路"—""GND""+";
13/14—主/从路工作方式选择按钮;15/16/17—主路"—""GND""+";18/19—恒压 5 V"—""+"

(1)主要特征。

① 三路输出,主/从路可输出电压和电流,另一路输出 5 V 恒定电压。

② 稳压与稳流状态能自动转换并分别由发光二极管指示。

③ 两路输出任意串并联,在串并联时,可调节一路主电源,另一路自动跟踪。

④ 可靠的自恢复输出保护。

(2)使用方法。

① 主/从电路输出电压/电流转换:如图 3-26 所示,5/4 分别为主/从输出端电压/电流转换按钮,按下为电流输出,弹出为电压输出。

② 主/从电路输出电压/电流调节:该电源的主/从路作为直流稳压源输出时,需要将主/从路的电流调节旋钮顺时针旋转到头,然后调节主/从路的电压调节旋钮选择合适的电压值;该电源主/从路作为直流稳流源输出时,需要将主/从路的电压调节旋钮顺时针旋转到头,然后调节主/从路的电流调节旋钮选择合适的电流值。

③ 主/从电路工作方式选择:如图 3-26 所示,13/14 为主/从电路工作方式选择按钮,两个全弹出表示主/从电路独立工作,13 按下 14 弹出表示主/从电路串联工作,两个全按下表示主/从电路并联工作。

实验 4　分光仪的调节和三棱镜顶角的测定

　　分光仪是一种测量光束偏转角的精密仪器,光学中凡能直接或间接地表示为光线偏转角的量,如折射率、波长、色散率及观测光谱等都可以利用分光仪来测定。

　　分光仪的调整思想、方法与技巧具有一定代表性,学会对它的调节与使用,有助于操作更为复杂的光学仪器,如摄谱仪和单色仪等。

【实验目的】

　　(1)了解分光仪的结构,掌握分光仪的调节和使用方法。

　　(2)学会用自准法和平行光法测量三棱镜的顶角。

　　(3)熟悉精密操作。

【实验仪器】

　　分光仪,汞灯,平行平面反射镜,三棱镜。

【实验原理】

1. 用自准法测量三棱镜的顶角

　　利用望远镜自身产生平行光,固定平台,转动望远镜,如图 3-27 所示,先使棱镜 AB 面反射的十字像与叉丝重合(即望远镜光轴与三棱镜 AB 面垂直),记下刻度盘两边的方位角读数 θ_1,θ_2。然后转动望远镜使 AC 面反射的十字像与叉丝重合(即望远镜光轴与 AC 面垂直),记下读数 θ_1' 和 θ_2'(注意 θ_1 与 θ_2 不能颠倒),两次读数相减即得 A 的补角 φ。故 $A = 180° - \varphi$,即

$$A = 180° - \varphi = 180° - \frac{1}{2}(\varphi_1 + \varphi_2) = 180° - \frac{1}{2}\left[(\theta_1' - \theta_1) + (\theta_2' - \theta_2)\right] \quad (3\text{-}16)$$

2. 用平行光法(又称反射法)测量三棱镜顶角

　　如图 3-28 所示,使三棱镜的顶角对准平行光管,平行光管射出的光束照射在三棱镜的两个光学面上。将望远镜转到一侧(如左边)的反射方向上观察,把望远镜叉丝对准狭缝像,此时读出两个窗口的方位角读数 θ_1 与 θ_2;再将望远镜转到另一侧,把叉丝对准狭缝像后读出 θ_1' 和 θ_2',则三棱镜的顶角为

$$A = \frac{1}{2}\varphi = \frac{1}{4}(\varphi_1 + \varphi_2) = \frac{1}{4}\left[(\theta_1 - \theta_1') + (\theta_2 - \theta_2')\right] \tag{3-17}$$

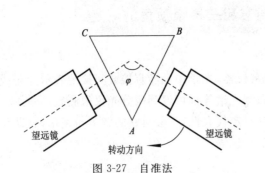

图 3-27　自准法

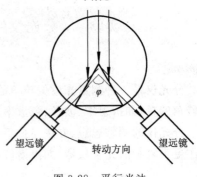

图 3-28　平行光法

【实验内容及主要步骤】

1. 分光仪的调节要求

分光仪在用于测量前,必须达到以下状态才能使用:

(1)望远镜的光轴与仪器的转轴垂直并对平行光能很好地成像;

(2)平行光管的光轴与仪器的转轴垂直并能射出平行光。

分光仪的调节方法如下:

(1)目测粗调。

用眼睛从分光仪的各个侧面估测,使望远镜和平行光管大致与仪器的中心轴垂直。

(2)将望远镜调焦于无限远。

① 打开电源开关,调节目镜,看清楚十字叉丝。

② 如图 3-29 所示,将平面镜放在载物台上,使其反射面与望远镜大致垂直。轻轻转动平台,使从望远镜射出的光能被平面镜反射进望远镜中(标志就是能从望远镜中看到反射回来的十字像)。调节目镜到物镜间的距离,使十字像清晰,并且要求像与叉丝之间没有视差(轻轻晃动眼睛,看到的十字像与叉丝无相对位移即无视差,否则说明有视差)。此时,望远镜已聚焦于无限远,即能够接收平行光。

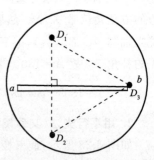

图 3-29　平面镜的放法

(3)调节望远镜的光轴与分光仪中心转轴垂直。

望远镜的光轴与分光仪中心转轴垂直的标志是:转动载物台,使从望远镜视场中

观察平面镜两面反射回来的绿色十字像都与分划板上半部分十字叉丝重合,如图 3-30 所示,若不重合,调节如下:

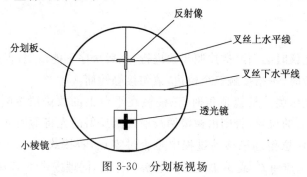

图 3-30　分划板视场

① 两反射回来的像都偏上(或都偏下),且两像的水平高度相同。根据光的反射定律可知,此时应调节望远镜的高低使反射像达到正确位置。

② 两反射回来的像一面偏上,一面偏下,且两像关于叉丝上水平线对称。根据光的反射定律可知,此时应调节载物台下的螺钉使反射像达到正确位置。

③ 两反射回来的像一面偏上,一面偏下,但是两像关于叉丝上半部分水平线不对称。说明上述两种情况同时存在,此时应先调节望远镜的高低使两个反射像关于叉丝上半部分水平线对称,然后调节载物平台下的螺钉使反射像达到正确位置。

(4)调节平行光管使之射出平行光,并且其光轴与仪器的中心转轴垂直。

点亮汞光灯源,改变狭缝与平行光管透镜间的距离,使望远镜中看到清晰的狭缝像,并且没有视差,这时平行光管发出的光就是平行光。转动狭缝(但不能前后移动)至水平状态,再转 180° 同样也是水平的,调节平行光管仰角调节螺钉,使这两个狭缝水平像都和分划板上半部分十字叉丝重合,或对称地位于横线两侧,则说明平行光管已经和仪器主轴垂直。再把狭缝转至竖直位置,并需保持狭缝像最清晰而且无视差,至此分光仪已全部调整好,使用时必须注意分光仪上除止动螺钉(【仪器简介】中望远镜止动螺钉、转座与度盘止动螺钉和游标盘止动螺钉)及左右调节螺钉外,其他螺钉不能任意转动,否则将破坏分光仪的工作条件,需要重新调节。

2. 测量三棱镜的顶角

(1)用自准法测三棱镜顶角。

调节三棱镜的待测角 A 的两个侧面都与仪器主轴平行,为了便于调节应将棱镜的三边分别垂直于平台下三个螺钉的连线,如图 3-31 所示。按实验原理测量两次取平均值,填入表 3-17。

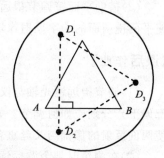

图 3-31　三棱镜的放法

(2)用平行光法测三棱镜顶角。关闭目镜上的小灯,点亮汞灯贴近狭缝处,三棱镜在平台上的放法请参阅图 3-28,按实验原理测量两次取平均值,填入表 3-17。

【注意事项】

(1)调节分光仪时必须严格按照步骤进行,先后次序不能颠倒,否则无效。

(2)取三棱镜时,手指接触三个棱边,请勿接触镜面。

(3)用平行光法测三棱镜顶角时,三棱镜在平台上的放法请参阅图 3-28,顶角应放在靠近平台中心的位置,否则由棱镜两折射面所反射的光将不能进入望远镜。

(4)计算时,注意望远镜移动过程中是否过零点,若按式(3-16)计算时出现 $\theta_1' - \theta_1 < 0$ 或 $\theta_2' - \theta_2 < 0$,应将 θ_1' 或 θ_2' 加上 360°再参与运算,同理按式(3-17)计算时也一样。

【数据记录与处理】

表 3-17　三棱镜顶角测量数据记录表

所用方法	θ_1	θ_2	θ_1'	θ_2'	A	$\overline{A}$
自准法						
平行光法						

求三棱镜的顶角,并计算其平均值。

【预习题】

(1)在调节望远镜时,如何判断十字叉丝和十字像是否在同一平面上(即如何判断有无视差)?

(2)借助平面镜调节望远镜光轴与分光仪主轴垂直时,为什么要旋转载物台 180°使平面镜两面的十字反射像均与目镜叉丝重合? 只调一面可以吗?

【课后作业】

(1)调节望远镜光轴与仪器主轴的垂直关系时,两面反射回来的十字像都偏上(或都偏下),分别应如何调节? 如果一面偏上,另一面偏下,这时应如何调节? 怎样迅速使两面反射的像都与叉丝重合?

(2)在测角时某个游标读数第一次为 343°56′,第二次为 33°28′,游标经过圆盘零点和不经过圆盘零点时所转过的角度分别是多少?

【仪器简介】

分光仪是一种测量光束偏转角的精密仪器,它可以精确地测量平行光的偏转角,是光学实验中的一种常用仪器。分光仪一般由底座、望远镜、平行光管、载物台和读数装置组成,如图 3-32 所示。

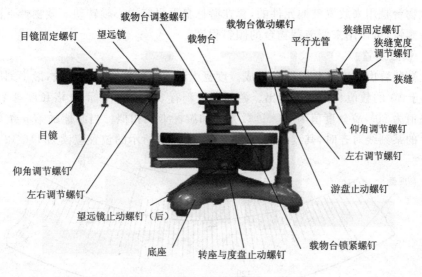

图 3-32　分光仪结构图

1. 底座

底座起着对整个仪器支撑的作用。在其中心有一固定的中心轴。望远镜、刻度盘及游标均套在中心轴上,可以绕中心轴旋转。

2. 望远镜

望远镜通常是由物镜、自准目镜和分划板组成的圆筒。常用的自准目镜有高斯目镜和阿贝目镜两种。

本仪器所用的自准目镜是阿贝目镜。它在分划板下方装有一个小棱镜,棱镜前面有一个开有"十"字形窗口的反光片,棱镜下方装有照明灯。当光线经反射将反光片照亮时,"十"字形窗口因光线透过形成一个暗"十"字,整个分划板的视场如图 3-30 所示。在实验中望远镜大多用来观测平行光,因此相当于用望远镜观察无限远的物体,当望远镜调焦时,分划板调到物镜的焦平面上,透过光形成的亮"十"字通过平面镜反射回来的像将落在分划板上,即达到对无穷远调焦的目的。

3. 平行光管

平行光管的作用是产生平行光。它是一个柱形圆筒,在筒的一端装有一个可伸缩的套筒,套筒末端有一狭缝,旋转狭缝宽度调节螺钉可改变狭缝宽度,圆筒的另一端装有消色差透镜组,当用光源照射狭缝,并将狭缝调节到凸透镜的焦平面上时,从平行光管出射的光就是平行光。平行光管的光轴方向可通过仰角调节螺钉和左右调节螺钉进行调节。

4. 载物台

载物台是用来放置被测元件的,套在游标盘上可绕中心轴转动。载物台下面有三个调节螺钉,可以用来调节载物台的倾斜程度。

5. 读数装置

读数装置由刻度盘和游标盘组成。度盘上刻有 720 等分的刻度线,最小刻度值为 $30'$,小于 $30'$ 的数值利用游标读出。游标盘上刻有 30 小格(游标 30 格和度盘 29 格相等),格值为 $29'$,故分度值为 $1'$。读数方法和游标卡尺相似。当游标的第 n 条刻线和度盘上的某刻线对齐时,其读数为 n'。例如,图 3-33 所示的位置应读为 $116°12'$。

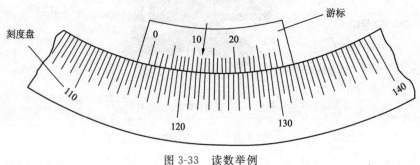

图 3-33　读数举例

为了消除偏心差,在游标盘相隔 180°对称设置两个游标读数装置,以便在测量时读出两个值,然后取其平均值消除偏心差。

实验 5　刚体转动惯量的测量

　　刚体是一种理想模型,指大小和形状保持不变的物体。刚体转动是物体的一种普遍运动形式,刚体保持静止或绕定轴做匀速转动时的惯性大小是用转动惯量来描述的。刚体转动惯量是表征刚体特征的一个物理量,转动定律是描述刚体转动的基本定律。二者对于研究实际物体的运动、机械设计、制造模具有较强的实用价值。

　　刚体的转动惯量大小不仅与刚体的质量有关,还与转轴的位置和质量相对于轴的分布有关。一般公式为 $I = \int_m r^2 \mathrm{d}m$。如果刚体形状简单且质量分布均匀,可直接计算出刚体绕定轴的转动惯量,而对于形状复杂、质量分布不均匀的刚体,则需要利用转动实验来测量其转动惯量。

【实验目的】

　　(1)掌握利用刚体转动定律测定刚体转动惯量的实验方法。
　　(2)学习用最小二乘法处理数据。
　　(3)用实验方法检验刚体转动定律。

【实验仪器】

　　刚体转动装置,智能毫秒计时器,铝环,计算器。

【实验原理】

　　刚体的转动惯量一般指刚体绕某一固定转轴的转动惯量,因此,研究或测量一个刚体的转动惯量,最简单直接的方法是令其绕一固定转轴旋转,通过测量其所受的合外力矩及角加速度来计算转动惯量(转动定律)。

　　图 3-34 所示为刚体转动惯量仪。由于刚体转动惯量仪本身有一定转动惯量 I_0(仪器空载),设被测铝环的转动惯量为 I_x,则承载时测得的转动惯量为

$$I = I_x + I_0$$

故
$$I_x = I - I_0 \tag{3-18}$$

　　测量时,令砝码 m 以加速度 a 下落带动刚体系以角加速度 β 旋转,此时刚体系受到的外力矩是线的拉力矩 M_T 和轴上的摩擦力矩 M_μ。如果略去定滑轮和细线的质量

及定滑轮轴上的摩擦力,并认为线的长度保持不变,当拉力 T 与仪器中心轴垂直时,据牛顿第二定律可得

$$mg - T = ma \qquad (3-19)$$

则

$$M_T = m(g - a)r \qquad (3-20)$$

由转动定律有

$$m(g - a)r - M_\mu = I\beta \qquad (3-21)$$

式中,I 为刚体系绕中心轴旋转的转动惯量(空载时为 I_0,承载时为 I)。

为了使问题简单化,实验中控制 $a \ll g$,则上式可近似为

$$mgr - M_\mu = I\beta \qquad (3-22)$$

由此可见,测定转动惯量 I 的关键是确定角加速度 β 和摩擦力矩 M_μ。

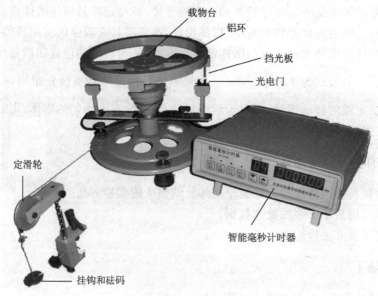

图 3-34 刚体转动惯量仪

1. 用计算法测定刚体的转动惯量

(1)角加速度 β 的计算。在转动过程中,刚体系所受的摩擦力矩基本是不变的,因此可以把转动视为匀变速转动,故系统的运动方程可表示为

$$\theta = \omega_0 t + \frac{1}{2}\beta t^2 \qquad (3-23)$$

式中,θ 为角位移;ω_0 为初角速度;t 为转动 θ 角的时间;β 为刚体系转动的角加速度。

实验中,在刚体同一次转动过程中分别测出角位移 θ_1,θ_2 时所对应的时间 t_1,t_2,则有

$$\theta_1 = \omega_0 t_1 + \frac{1}{2}\beta t_1^2 \qquad (3-24)$$

$$\theta_2 = \omega_0 t_2 + \frac{1}{2}\beta t_2^2 \tag{3-25}$$

由两式消去 ω_0 得

$$\beta = \frac{2(\theta_1 t_2 - \theta_2 t_1)}{t_1^2 t_2 - t_1 t_2^2} \tag{3-26}$$

(2)转动惯量的计算。

当外力矩 $M_1 = m_1 gr$(如 $m_1 = 5m_0$，m_0 为一砝码的质量)时,有

$$m_1 gr - M_\mu = I\beta_1 \tag{3-27}$$

当外力矩 $M_2 = m_2 gr$(如 $m_2 = 2m_0$)时,有

$$m_2 gr - M_\mu = I\beta_2 \tag{3-28}$$

两次摩擦力近似相等,消去 M_μ 得

$$I = \frac{(m_1 - m_2)gr}{\beta_1 - \beta_2} \tag{3-29}$$

如果测量铝环绕轴转动的转动惯量,可先测承载时的转动惯量 I,再测空载时的转动惯量 I_0,则铝环的转动惯量 $I_x = I - I_0$。

由上式可知,此种方法关键是测准角加速度 β,归根到底是测准时间 t,即此种方法的准确度受限于时间 t 的测量。

测量时间如果采用通常的秒表手工测量,误差通常在 0.1 s 左右,由此计算出的角加速度误差很大。为此,计算法测量转动惯量时,采用配有光电接收装置的智能毫秒计时器测量时间。

2. 用最小二乘法测定刚体的转动惯量并验证刚体转动定律

最小二乘法是处理数据时常用的方法。以下便是这种方法在该实验中的具体应用。

令刚体系的初角速度 $\omega_0 = 0$,则上面转动体系的运动方程可写为

$$\theta = \frac{1}{2}\beta t^2 \tag{3-30}$$

$$\beta = \frac{2\theta}{t^2} \tag{3-31}$$

将式(3-31)代入式(3-22)得

$$mgr - M_\mu = \frac{2I\theta}{t^2} \tag{3-32}$$

如果保持刚体系结构和外力臂 r 不变,式(3-32)中 m 与 t 的关系可改写为

$$m = \frac{2\theta I}{grt^2} + \frac{M_\mu}{gr} = K \cdot \frac{1}{t^2} + C \tag{3-33}$$

式中，$K=\dfrac{2\theta I}{gr}$；$C=\dfrac{M_\mu}{gr}$。

式(3-33)表明，m 和 $\dfrac{1}{t^2}$ 成线性关系。

如果使用不同质量的砝码，测出刚体转动相同 θ 所用的时间 t，就可以利用最小二乘法(线性回归法)求出 $m-\dfrac{1}{t^2}$ 直线拟合方程及线性相关系数，此直线拟合方程的一次项系数为 $K=\dfrac{2\theta I}{gr}$，常数项为 $C=\dfrac{M_\mu}{gr}$。由此可求出转动惯量 I 和摩擦力矩 M_μ，并由线性相关系数 R 的数值可间接验证转动定律。

【实验内容及主要步骤】

1. 用计算法测量铝环对中心轴的转动惯量

(1)测承载时转动惯量 I。把铝环放在承物台上，取 $m_1=5m_0$，$r=2.00$ cm，取 θ_1，θ_2 分别为 2π 和 8π，由智能毫秒计时器分别读出所对应的时间为 t_1 和 t_2。重复五次。取 $m_2=2m_0$，其余条件不变，由智能毫秒计时器分别读出所对应的时间 t_1' 和 t_2'。重复五次。将数据填入表 3-18。

(2)测空载时转动惯量 I_0。把铝环从承物台上取下，重复上述步骤，测得 t_1，t_2，t_1'，t_2'，重复五次。将数据填入表 3-19。

2. 用最小二乘法处理数据，测铝环对中心轴的转动惯量(选做)

需要满足 $\omega_0=0$，即刚体系统开始转动就开始计时。

(1)测量 I。把铝环放在承物台上，$r=2.00$ cm，取 $\theta=8\pi$，测所对应的时间 t，分别加 1，2，3，4，5 个砝码进行测量，将数据填入表 3-20。

(2)测量 I_0。把铝环从承物台上取下，其余条件不变，重复(1)的操作，测 t'，将数据填入表 3-20。

【注意事项】

(1)向轮轴绕线时，要保证线垂直于轮轴，注意绕线不要重叠。

(2)注意线的下落高度，保证 $\theta=8\pi$ 时砝码不会落地。

(3)为了满足 $\omega_0=0$，可以先将薄硬纸片置于挡光板和光电门之间，一旦抽出纸片，刚体系统开始转动，挡光板转过很短距离(即纸片的厚度)就会经过光电门，毫秒计时器就开始计时，此时刚体的角速度很小，即 $\omega_0\approx0$。

【数据记录与处理】

1. 用计算法测量铝环对中心轴的转动惯量

为简化,计算 u_β 时把 β 看作直接测量量。

表 3-18 承载时,$\theta_1 = 2\pi, \theta_2 = 8\pi$

条 件		次 数				
		1	2	3	4	5
$M_1 = 5m_0 gr$	t_1/s					
	t_2/s					
	β_1/s^{-2}					
$M_2 = 2m_0 gr$	t_1'/s					
	t_2'/s					
	β_2/s^{-2}					
$\overline{\beta_1} = $		s^{-2};		$u_{\beta_1} = $		s^{-2};
$\overline{\beta_2} = $		s^{-2};		$u_{\beta_2} = $		s^{-2}

表 3-19 空载时,$\theta_1 = 2\pi, \theta_2 = 8\pi$

条 件		次 数				
		1	2	3	4	5
$M_1 = 5m_0 gr$	t_1/s					
	t_2/s					
	β_1/s^{-2}					
$M_2 = 2m_0 gr$	t_1'/s					
	t_2'/s					
	β_2/s^{-2}					
$\overline{\beta_1} = $		s^{-2};		$u_{\beta_1} = $		s^{-2};
$\overline{\beta_2} = $		s^{-2};		$u_{\beta_2} = $		s^{-2}

求铝环对中心轴的转动惯量,并计算其不确定度。

2. 用最小二乘法处理数据,测铝环对中心轴的转动惯量(选做)

表 3-20 $r=2.00\ \text{cm},\theta=8\pi$

次 数		1	2	3	4	5	平均值	最小二乘法
承载	m/kg							y
	m^2							y^2
	t/s						—	
	$1/t^2$							x
	$1/t^4$							x^2
	m/t^2							xy
空载	m/kg							y_0
	m^2							y_0^2
	t'/s						—	
	$1/t'^2$							x_0
	$1/t'^4$							x_0^2
	m/t'^2							$x_0 y_0$

利用最小二乘法求铝环对中心轴的转动惯量,并计算线性相关系数 R,验证刚体转动定律。

【预习题】

在推导式 $mgr-M_\mu=I\beta$ 时,忽略了哪些条件,并做了怎样的近似?

【课后作业】

本实验由于近似 $a\ll g,g-a\approx g$,使得测量结果偏大还是偏小? 若 $\omega_0=0$ 不满足,使得 I 值偏大还是偏小?

【仪器简介】

图 3-34 所示为刚体转动惯量仪,由转动装置和智能毫秒计时器组成。图 3-35 所示为智能毫秒计时器的控制面板,表 3-21 介绍了智能毫秒计时器的按键功能。

表 3-21 智能毫秒计时器按键功能简介

按键名称	功　能
电源开关	
复位	清零计时器中数据。每次开始计时前都必须按此按键将数据清零

续表

按键名称	功 能
设置	设置计时次数,即需要计时的刚体旋转圈数; 按复位后,计时次数默认为"04"
开始	计时器开始工作; 当挡光板第一次经过光电门时,计时器开始计时,挡光周期的值从 0 开始增加,即计时零点是挡光板第一次经过光电门的时刻
查询	查询刚体转 n 圈所用时间
减小/增加	改变"计时次数"所显示的数值
计时次数	按"设置"后,显示计时次数,按"减小"或"增大"可改变计时次数; 按"开始"后,让刚体开始转动,此时记录刚体已转动的圈数; 按"查询"后,显示刚体转动的圈数,按"减小"或"增大"可选择圈数
挡光周期	按"开始"后,挡光周期显示当前计时总时间; 按"查询"后,挡光周期显示刚体转动 n 圈所用时间,n 指"计时次数"所显示的数值

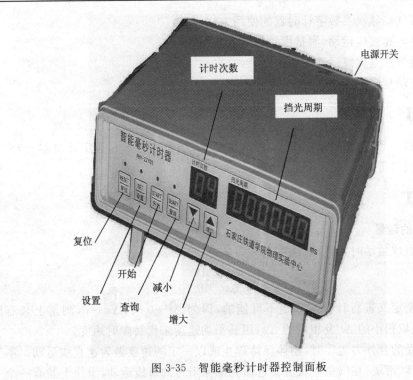

图 3-35　智能毫秒计时器控制面板

实验 6　气垫导轨上的实验

物理实验的一个重要思想是排除次要因素,突出主要因素,建立理想化的实验条件,进而找到物理规律。在伽利略时代,比萨斜塔的落球实验不能被当时的人们所理解,主要原因就是没有正确理解摩擦力。直到牛顿时代,摩擦力得到了正确的认识,才有了牛顿运动定律、动量守恒定律等基本力学规律的诞生。

本实验通过气垫导轨将物体悬浮,提供了近似无摩擦的力学实验条件。利用此装置可以进行速度、加速度的测量及检验力学规律等诸多实验。

【实验目的】

(1)了解气垫导轨及数字计时器的使用方法。

(2)观察匀速直线运动,测量滑块的运动速度。

(3)测量匀加速直线运动的加速度。

(4)验证动量守恒定律。

【实验仪器】

气垫导轨一套(包括光电门两个,铝滑块两个,挡光片若干),数字计时器一台,气源,垫块,钢板尺等。

【实验原理】

1. 速度的测量

物体做直线运动时,其瞬时速度定义为

$$v=\lim_{\Delta t \to 0}\frac{\Delta x}{\Delta t}=\frac{\mathrm{d}x}{\mathrm{d}t} \tag{3-34}$$

根据这个定义进行计算实际是不可能的,因为 $\Delta t \to 0$ 时, $\Delta x \to 0$,测量上具有困难,因此只能取很小的 Δt 及相应的 Δx ,用其平均速度来代替瞬时速度。

物体所受的合外力为零时,物体保持静止或以一定的速度做匀速直线运动。本实验被研究物体(滑块)在气垫导轨上做近似无摩擦阻力的直线运动,滑块上装有一个一定宽度的凹形挡光片,如图 3-36 所示,当滑块从左向右运动经过光电门时,挡光片前沿 aa' 挡光,计时器开始计时;挡光片后沿 bb' 挡光时,计时立即停止,计时器上显示出两次挡光所间隔的时间 Δt；Δx 是挡光片 aa' 和 bb' 之间的宽度。根据直线运动平均速度公式为

$$\overline{v}=\frac{\Delta x}{\Delta t} \tag{3-35}$$

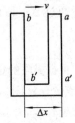

图 3-36　挡光片

可见 Δx 越小，在 Δx 范围内滑块的速度变化也越小，则平均速度 $\overline{v}$ 越能准确反映在该位置滑块运动的瞬时速度。

2. 加速度的测量

当给滑块在水平方向上加一恒力或使气轨有一倾角时，滑块将因受一沿导轨的外力作用而做匀加速直线运动，如图 3-37 所示。

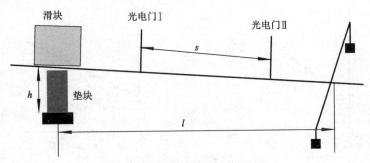

图 3-37　测定滑块加速度原理图

据运动学公式，滑块的加速度为

$$a=\frac{v_2^2-v_1^2}{2s} \tag{3-36}$$

式中，s 为两个光电门之间的距离；v_1 和 v_2 分别是滑块经过两个光电门时的速度。滑块的加速度还可表示为

$$a=\frac{v_2-v_1}{t} \tag{3-37}$$

式中，t 为滑块在两个光电门之间运行的时间。

设气垫的倾角 θ 很小，则 $\theta\approx\sin\theta\approx\tan\theta=\dfrac{h}{l}$，在不考虑摩擦力的情况下，可计算出滑块的加速度为

$$a=g\sin\theta\approx g\,\frac{h}{l} \tag{3-38}$$

式中，l 为气轨前后两支撑螺钉间的垂直距离；h 为垫块厚度。

3. 用极限法测定瞬时速度

为了精确求得滑块运动到某一点的瞬时速度，可以采用极限法的思想进行测量。

根据式(3-34)中瞬时速度的定义,依次选取不同尺寸的挡光片(如选取 $\Delta x_1 = 9.00$ cm,$\Delta x_2 = 7.00$ cm,$\Delta x_3 = 5.00$ cm,…)固定于滑块上,用下式分别求出滑块在同样测量条件下通过 Δx_i 段的平均速度

$$v_i = \frac{\Delta x_i}{\Delta t_i} \quad (i = 1, 2, 3, 4, \cdots) \tag{3-39}$$

根据极限的定义,利用作图外推法,找出 $\Delta x \rightarrow 0$ 的极限点。如图 3-38 所示,作 $v-\Delta x$ 图(或 $v-\Delta t$ 图),把在不同的 Δx_i(或 Δt_i)下测出的平均速度 v_i 连成直线,然后作该直线的延长线,外推到 $\Delta x = 0$(或 $\Delta t = 0$)处,外推得到的极限点的平均速度 v_0 即为所测定点的瞬时速度。

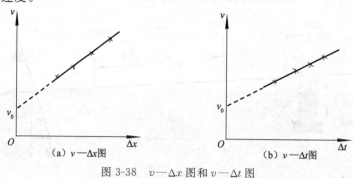

图 3-38　$v-\Delta x$ 图和 $v-\Delta t$ 图

可以证明,$v-\Delta t$ 图在理论上应为一条直线,而 $v-\Delta x$ 图则是抛物线的一段。在本实验中,当滑块的加速度较小,Δx 不太大的条件下,可以把这一段看作直线而作线性外推。

4. 验证动量守恒定律

如果系统不受外力或所受合外力为零,则系统动量守恒。本实验研究两个滑块在水平气轨上沿直线发生的碰撞。由于气轨的悬浮作用,滑块与气轨之间的摩擦力可忽略不计,再忽略空气阻力,则两个滑块所组成的系统除在碰撞时受到相互作用的内力之外,水平方向上不受其他外力,所以碰撞前后系统的总动量保持不变,即

$$m_1 \boldsymbol{v}_{10} + m_2 \boldsymbol{v}_{20} = m_1 \boldsymbol{v}_1 + m_2 \boldsymbol{v}_2 \tag{3-40}$$

式中,m_1,m_2 分别为两个滑块(含配件)的质量;$\boldsymbol{v}_{10}$,$\boldsymbol{v}_{20}$ 和 $\boldsymbol{v}_1$,$\boldsymbol{v}_2$ 分别为两个滑块碰撞前后的速度。式中各速度的正负号取决于速度的方向与所选的坐标的方向是否一致,相同则取正,相反则取负。

若取 $\boldsymbol{v}_{20} = \boldsymbol{0}$,则式(3-40)简化为

$$m_1 \boldsymbol{v}_{10} = m_1 \boldsymbol{v}_1 + m_2 \boldsymbol{v}_2 \tag{3-41}$$

根据系统碰撞前后的能量变化情况,碰撞可以分为弹性碰撞和非弹性碰撞。

(1)弹性碰撞:碰撞前后系统的动量守恒,机械能也守恒。

(2)非弹性碰撞:碰撞前后系统的动量守恒,机械能不守恒。

如果碰撞后两滑块粘在一起,以同一速度 v 运动,则这种碰撞称为**完全非弹性碰撞**,此时系统损失的机械能最多,上面式(3-41)可以简化为

$$m_1 \boldsymbol{v}_{10} = (m_1 + m_2) \boldsymbol{v} \tag{3-42}$$

【实验内容及主要步骤】

实验前仔细阅读本节实验后的实验仪器情况介绍,熟悉气垫导轨及数字计时器的基本结构和使用方法。

1. 观察匀速直线运动并测量其速度

调节计时器"功能键",将功能设在"S_2"位置。

(1)调整气垫导轨到水平状态,观察匀速直线运动。

将凹形挡光片固定在滑块上,通过静态调平和动态调平两种方式,调整气轨处于水平状态,观察滑块的匀速直线运动。

(2)速度测量。

① 推动滑块,使滑块沿气轨从左向右运动,数字计时器将会依次显示滑块通过两个光电门的时间 Δt_1 和 Δt_2,以及经过两光电门的速率 v_1 和 v_2;

② 将上述操作重复三次;

③ 再推动滑块从右向左运动,重复操作三次。

将数字计时器记录的实验数据填入表 3-22。

2. 测量加速度

调节计时器功能键,将功能设在"a"位置。

(1)在调平的气轨单脚垫脚处放一垫块,使导轨倾斜,把装有凹形挡光片的滑块放在导轨高的一端,让其从某一固定点由静止自由下滑,如图 3-37 所示。由光电计时器记录滑块通过光电门 Ⅰ 的时间 Δt_1、从光电门 Ⅰ 运动到光电门 Ⅱ 的时间 t、通过光电门 Ⅱ 的时间 Δt_2,以及滑块经过两光电门的速度 v_1 和 v_2,将上述操作重复三次。

(2)测量两光电门之间的距离 s。

(3)测量气垫前后两支撑螺钉间的垂直距离 l。

将数字计时器记录的实验数据填入表 3-23。

3. 极限法测瞬时速度

要求测出滑块上前挡光片的前沿到达光电门的瞬时速度。

调节计时器功能键,将功能设在"S_2"位置。

(1)将导轨调成倾斜,光电门放在要测速度的点处。为方便和便于比较,导轨保持测加速度的倾斜度,光电门位置也不必变动,如图 3-37 所示。

(2)将滑块装上两片条形挡光片,其中前挡光片的位置固定不动,调节后挡光片,

将后挡光片前沿与前挡光片的前沿的距离 Δx 调成 9.00 cm。

（3）把滑块放在导轨高的一端，让其从某一固定点由静止自由下滑，光电计时器将会依次显示滑块通过两个光电门的时间 Δt_1 和 Δt_2，以及经过两光电门的速度 v_1 和 v_2。

（4）保证前挡光片的位置固定不动，调节后挡光片，将后挡光片前沿与前挡光片的前沿的距离 Δx 分别调成 7.00 cm，5.00 cm，3.00 cm，重复步骤（3）。

（5）利用极限法（外推法）作图，求出固定的挡光片经过两光电门处的极限速度。

将数字计时器记录的实验数据填入表 3-24。

4. 验证动量守恒定律

要求利用完全非弹性碰撞来验证动量守恒定律。

调节计时器功能键，将功能设在"S_2"位置。

（1）调整气垫导轨到水平状态。

（2）将两个滑块分别装上凹形挡光片，并在两滑块的迎面碰撞端安装尼龙搭扣。

（3）接通气源，将一个滑块（M_2）停放在两个光电门之间（靠近光电门Ⅱ），即 $v_{20}=0$。将另一个滑块（M_1）置于光电门Ⅰ外侧的导轨上，如图 3-39 所示。

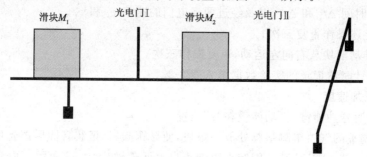

图 3-39　验证动量守恒示意图

用手将滑块 M_1 推向 M_2，两个滑块碰撞后粘在一起以相同速度运动。由光电计时器记录碰撞前滑块 M_1 通过光电门Ⅰ、碰撞后滑块 M_2 通过光电门Ⅱ的时间 Δt_1 和 Δt_2，以及经过两光电门的速率 v_1 和 v_2，v_2 即为碰撞后滑块 M_1 与 M_2 的共同运动速度。

（4）按照步骤（3），重复测量两次。

（5）计算滑块 M_1 及其配件的总质量 m_1 和滑块 M_2 及其配件的总质量 m_2。

将数字计时器记录的实验数据填入表 3-25。

【注意事项】

（1）导轨表面与滑块表面精度要求很高，在实验中严禁敲、碰、划，以免加大表面的粗糙度。

（2）在导轨未通气时，绝不允许将滑块放在导轨上，更不允许在导轨上来回滑动。安装、更换或调整挡光片时，必须把滑块从导轨上拿下来，待调整好后再把滑块放到导轨上。要牢记先通气后放滑块，先拿下滑块后断气源的操作要求。

（3）滑块要轻拿轻放，切忌摔碰。滑块是与导轨配合使用的，不得任意互换。

（4）导轨面有许多气孔，必须保证畅通无阻，发现问题，立即报告指导教师。

（5）实验结束后，立即将滑块取下，以免气轨变形，离开前用盖布将实验台盖好。

【数据记录与处理】

1. 观察匀速直线运动并测量其速度

表 3-22　速度测量记录表

滑块向左运动　$\Delta x=1.00$ cm					滑块向右运动　$\Delta x=1.00$ cm				
Δt_1/ms	Δt_2/ms	v_1/(m/s)	v_2/(m/s)	v_1-v_2	Δt_1/ms	Δt_2/ms	v_1/(m/s)	v_2/(m/s)	v_1-v_2

2. 测量加速度

表 3-23　加速度测量记录表

$s=$＿＿ cm;　　　$\Delta x=1.00$ cm;　　　$h=1.00$ cm;　　　$l=$＿＿ cm

Δt_1/ms	Δt_2/ms	t/s	v_1/(m/s)	v_2/(m/s)	$a=\dfrac{v_2^2-v_1^2}{2s}$	$a=\dfrac{v_2-v_1}{t}$	$a=g\dfrac{h}{l}/(\text{m/s}^2)$

3. 极限法测瞬时速度

表 3-24　极限法速度测量记录表

Δx/cm	9.00	7.00	5.00	3.00
Δt_1/ms				
v_1/(m/s)				
Δt_2/ms				
v_2/(m/s)				

利用极限法(外推法)作图,求出固定的挡光片经过两光电门处的极限速度。

4. 验证动量守恒定律

表 3-25　动量守恒测量记录表

$\Delta x=1.00$ cm; $\qquad$ $m_1=$＿＿ g; $\qquad$ $m_2=$＿＿ g

碰撞次数	Δt_1/ms	Δt_2/ms	v_{10}/(m/s)	$v=v_1=v_2$/(m/s)	$m_1 v_{10}$/(kg·m/s)	$(m_1+m_2)v$/(kg·m/s)
1						
2						
3						

【预习题】

(1)阅读本实验后的实验仪器介绍,然后回答怎样调整气垫导轨水平。能否认为滑块经过两光电门的时间相等,导轨才算调平? 为什么?

(2)用平均速度代替瞬时速度对本实验的结果影响如何?

【课后作业】

1. 如何选择挡光片的挡光距离 Δx 和滑块的运动速度,才能使测得的平均速度更真实地反映该点的瞬时速度?

2. 验证动量守恒实验中造成动量损失的主要原因是什么? 在现有条件下,为减少动量损失,应采取什么措施?

【仪器简介】

1. 气垫导轨

气垫导轨如图 3-40 所示,可分为导轨、滑块和光电转换装置三个主要部分,另外还有配套使用的气源。

图 3-40　气垫导轨示意图

(1)导轨。导轨由一根平直、光滑的三角形铝合金制成,固定在一根刚性较强的工字钢梁上。轨面上均匀分布着两排喷气小孔,导轨一端封死,另一端装有进气嘴。当压缩空气经管道从进气嘴进入腔体后,就从小气孔喷出,托起滑块,滑块漂浮的高度,视气流大小及滑块质量而定。为了避免碰伤,导轨两端装有缓冲弹簧。在工字钢梁的底部装有三个底脚螺钉,分居在导轨两端,双脚端的螺钉用来调节轨面两侧线高度,单脚端螺钉用来调节导轨水平或者将不同厚度的垫块放在导轨底端单脚螺钉下,以得到不同的斜度。导轨一侧固定有毫米刻度的米尺,便于定位光电门的位置。

(2)滑块。滑块是在导轨上运动的物体,一般由长10~20 cm的角铝做成,如图 3-41所示。其角度经校准,内表面经过细磨,与导轨的两个侧面有很好的吻合。根据实验需要,在它上面可以安装挡光片、配重块、尼龙搭扣、缓冲弹簧等配件。

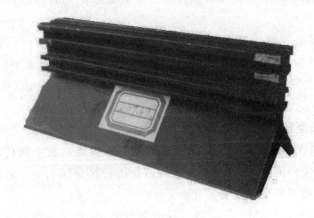

图 3-41　滑块

(3)光电转换装置。光电转换装置称为光电门,如图 3-42 所示。在导轨的一侧或两侧安装有两个可以移动的光电门,当任一光电门的光被挡时,光电二极管两种状态下的电阻变化获得一个脉冲电压,可用来控制计时器开始计时或停止计时,从而实现对时间间隔的测量。当装有挡光片的滑块从左向右运动经过光电门时,如图 3-36 所示,挡光片前沿 aa' 挡光,计时器开始计时;挡光片后沿 bb' 挡光时,计时器停止计时,两次挡光的距离为 Δx,两次挡光的时间间隔为 Δt。

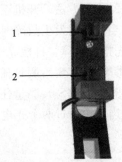

图 3-42　光电转换装置
1—红外发光二极管;2—红外光敏二极管

(4)气源。本实验采用专用小型气源,体积小,移动方便,适用于双机工作。若温度升高,则不宜长时间连续使用。接通电源(220 V)即有气流输出,通过导管从进气嘴进入导轨,轨面气孔即有气喷出。使用时严禁进气口或出气口堵塞,否则会烧坏电动机。

(5)气垫导轨的调平。横向调平是借助于水平仪调节横向两个底脚螺丝来完成;纵向调平需通过静态调节和动态调节两种方式来完成。

① 静态调节法。打开气泵给导轨通气,将滑块放在导轨上,观察滑块向哪一端移动,就说明哪一端低。调节导轨底脚螺钉直至滑块保持不动或者稍有滑动但无一定的方向性为止。原则上,应把滑块放在导轨上几个不同的位置进行调节。如果发现把滑块放在导轨上某点的两侧时,滑块都向该点滑动,则表明导轨本身不直,并在该点处下凹(这属于导轨的固有缺欠,本实验条件无法继续调整)。这种方法只作为导轨的初步调平。

② 动态调节法。轻拨装有挡光片的滑块使其在导轨上滑行,测出滑块通过两光电门的时间为 Δt_1 和 Δt_2,若 Δt_1 和 Δt_2 相差不大则说明导轨水平。由于空气阻力的存在,即使导轨完全水平,滑块也是在做减速运动,即 $\Delta t_1 < \Delta t_2$,所以不必使二者相等。

2. J0201-CC 型数字计时器

J0201-CC 型数字计时器是以单片微机为核心的智能化数字测量仪表,可用于计时、计数、速度等多种测量,并具备多组实验数据的记忆存储功能。它的功能较多,结合本实验及作为通用实验室仪器简介如下:

(1)计时器面板。J0201-CC 型数字计时器的前、后面板分别如图 3-43 和图 3-44 所示。

(2)使用方法。开机系统进入自检状态:当光电门无故障时,屏幕循环显示各显示器件;当光电门发生故障时,屏幕将闪烁该光电门的号码,不作循环显示工作。这时,必须先排除故障。自检完毕后,按"功能"键,选择所需要的功能:

① 计时 1(S_1):测量任一光电门的挡光时间,可连续测量。

② 计时 2(S_2):测量任一光电门前后两次挡光的时间间隔,可连续测量。选择此功能,当滑块通过两个光电门后,按"停止"键,本机循环显示下列数据:

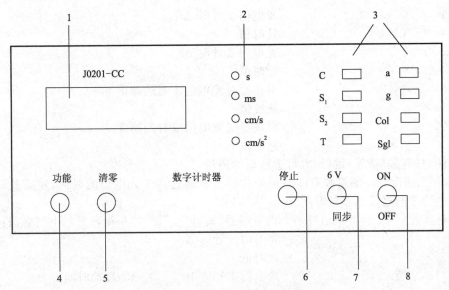

图 3-43　数字计时器面板图（前）

1—数据显示窗口：显示测量数据、光电门故障信息等；2—单位显示；3—功能选择指示：C—计数，S_1—遮光计时，S_2—间隔计时，T—振子周期，a—加速度，g—重力加速度，Col—碰撞，Sgl—时标；4—功能键：功能选择；5—清零键：清除所有实验数据；6—停止键：停止测量，进入循环显示数据或锁存显示数据；7—6V/同步：与 J04217 型自由落体试验仪或 J04227 型斜槽轨道配合使用；8—电源开关

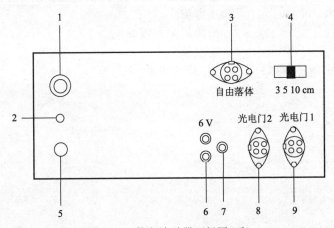

图 3-44　数字计时器面板图（后）

1—保险管座：熔断丝管管座；2—外接地接线柱；3—自由落体插口座；4—挡光宽度选择开关：在使用 S_2、a、Col 挡功能时，需将开关拨在与选择挡光片宽度相对应的位置上（技巧：若挡光片的宽度为 1 cm，亦可拨到 10 cm 处，然后把速度、加速度值的小数点人为地左移一位即可）；5—电源输入：交流 220 V 输入；6—电源开关；7—时标输出；8—2 号光电门输入插座；9—1 号光电门输入插座

1	光电门 1 计时 Δt_1
××.××	计时值
2	光电门 2 计时 Δt_2
××.××	计时值
01	滑块通过光电门 1 时的速度 v_1
××.××	速度值
02	滑块通过光电门 2 时的速度 v_2
××.××	速度值

注:只有按"清零"键后,方可进行新的测量。

③ 加速度(a):测量装有凹型挡光片的滑块通过两个光电门的时间、速度及通过两光电门之间这段路程的时间。

选择此功能,当滑块通过两个光电门后,按"停止"键,本机循环显示下列数据:

1	光电门 1 计时 Δt_1
××.××	计时值
2	光电门 1 和光电门 2 之间的运动时间 t
××.××	计时值
3	光电门 2 计时 Δt_2
××.××	计时值
01	滑块通过光电门 1 时的速度 v_1
××.××	速度值
02	滑块通过光电门 2 时的速度 v_2
××.××	速度值
a	滑块的加速度 a
××.××	速度值

注:只有按"清零"键后,方可进行新的测量。

实验 7　杨氏弹性模量的测量

　　杨氏弹性模量是表征在弹性限度内物质材料抗拉或抗压的物理量,在工程中是选定机械构件材料的依据之一,测量杨氏弹性模量的方法一般有拉伸法、梁弯曲法、振动法等。本实验采用拉伸法,利用光杠杆放大法测量金属丝长度的微小变化,进而测定金属丝的杨氏弹性模量。

【实验目的】

　　(1)学习一种测量杨氏弹性模量的方法。
　　(2)掌握用光杠杆测量微小长度变化的方法。
　　(3)熟练运用逐差法处理数据。

【实验仪器】

　　测量杨氏弹性模量专用装置一套(包括光杠杆、砝码、镜尺组),钢卷尺、钢板尺、螺旋测微器各一把。

【实验原理】

1. 杨氏弹性模量

　　设有一长度为 L、横截面积为 S 的均匀金属丝,当它沿长度方向受一外力 F 的作用后有一个伸长 ΔL。单位横截面上的垂直作用力 F/S 称为**正应力**,金属丝的相对伸长 $\Delta L/L$ 称为**线应变**。根据胡克定律,金属丝在弹性限度内,正应力 F/S 与线应变 $\Delta L/L$ 成正比,即

$$\frac{F}{S}=Y\frac{\Delta L}{L} \qquad 或 \qquad Y=\frac{FL}{S\Delta L} \tag{3-43}$$

式中,Y 称为该金属材料的杨氏弹性模量,它的大小仅与材料有关,与外力、材料长度、横截面积等无关。在国际单位制(SI)中,Y 的单位是 N/m^2。式中 F,S,L 都比较容易测量,而 ΔL 是个微小量,不能用常规的尺子直接测量,通常采用光杠杆放大的办法测量。

2. 光杠杆放大原理

　　光杠杆装置由平面镜和三角架构成,如图 3-45 所示,其前两脚 f_2,f_3 放置在工作

平台的横槽中,后一脚 f_1 放在夹丝的金属圆柱平台上,三个脚构成等腰三角形,f_1 至 $\overline{f_2 f_3}$ 连线的垂直距离为 b(光杠杆常数)。钢丝因受力而伸长,光杠杆的后脚随着金属圆柱平台一起下降,此时镜面以前两脚之连线为轴而转动。镜尺系统由一把竖立的毫米刻度尺和在尺旁的一个望远镜组成。镜尺系统和光杠杆组成图 3-46 所示的测量系统。

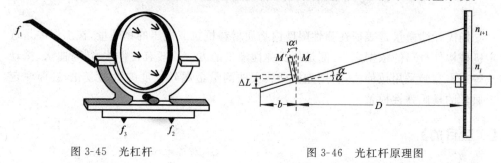

图 3-45　光杠杆　　　　　　　　　　图 3-46　光杠杆原理图

用 M 表示光杠杆的镜面,如图 3-46 所示,当金属丝受力伸长 ΔL 时,光杠杆的尖脚 f_1 也随之下降 ΔL,而脚 f_2、f_3 保持不动,于是 f_1 以 $\overline{f_2 f_3}$ 为轴,以 b 为半径旋转一角度 α。在 α 较小,即 $\Delta L \ll b$ 时,它可以近似地表示为

$$\alpha = \frac{\Delta L}{b} \tag{3-44}$$

若望远镜中的叉丝原来对准竖尺上的刻度 n_i,平面镜转动后,根据光的反射定律,镜面旋转 α 角,反射线将旋转 2α 角,设这时对准的新刻度为 n_{i+1},则 $\Delta n = |n_{i+1} - n_i|$,当 α 较小,即 $\Delta n \ll D$ 时,有

$$2\alpha = \frac{\Delta n}{D} \tag{3-45}$$

联立式(3-44)和式(3-45),消去 α 可得到 ΔL 的测量公式为

$$\Delta n = \frac{2D}{b} \cdot \Delta L \tag{3-46}$$

$$\Delta L = \frac{b}{2D} \cdot \Delta n \tag{3-47}$$

式(3-46)中,$\dfrac{2D}{b}$ 称为光杠杆的**放大倍数** K,在光杠杆常数 b 不变的情况下,增大光杠杆到标尺间的距离 D 就可以增大放大倍数。

3. 测量公式

将式(3-47)代入式(3-43),并利用 $S = \dfrac{1}{4}\pi d^2$(d 为金属丝的直径),同时 F 由砝码的重力提供,考虑到需要运用逐差法处理数据,故 $F = 4mg$(m 为一个砝码的质量),则有

$$Y = \frac{8FLD}{\pi d^2 b \Delta n} = \frac{32mgLD}{\pi d^2 b \Delta n} \tag{3-48}$$

【实验内容及主要步骤】

1. 调节仪器

（1）夹好钢丝，调整支架呈竖直状态，使钢丝能够自由伸张。

（2）如图 3-47 所示，放置好光杠杆，前两脚置于固定平台的槽内，后脚置于钢丝下端附着的圆柱形平台上，并靠近钢丝，但不能接触钢丝，也不要放入圆孔。使平面镜 M 与平台大致垂直。

图 3-47　光杠杆放置方法

（3）调节望远镜，使之与光杠杆的平面镜处于同一高度，左右移动镜尺支架，使眼睛沿望远镜筒上面的缺口和准星看去，能在平面镜中观察到标尺的像。

（4）调节望远镜的目镜，使从望远镜中看到清晰的十字叉丝。

（5）调节望远镜的调焦手轮，使在望远镜中能看到清晰的标尺像，并反复调焦消除视差（即当眼睛上下移动时，叉丝和标尺刻度之间没有相对位移）。

（6）轻微转动光杠杆镜面或望远镜微调螺钉，使望远镜叉丝对准标尺的某一整数，且该整数正好在望远镜轴线同一高度附近。

（7）试加砝码，逐渐增加砝码数量，直到八个砝码全放上，通过望远镜观察满负荷时标尺读数是否够用，如不够用（即超出标尺显示范围），需要改变标尺的高度，调好后取下砝码。

注意：能否在望远镜中观察到清晰的标尺像是该实验能否成功的关键。

2. 测量

(1)放上一个砝码(作为本底砝码),使得钢丝处于伸直状态。

(2)用螺旋测微器钢丝直径 d(在不同位置测量六次,并应先记录螺旋测微器的零点误差),将数据记入表 3-27。

(3)在表 3-28 中记下放一个砝码时叉丝横线所对准的标尺刻度 n_1,按顺序逐渐增加砝码[每次一个,其质量为(1.00 ± 0.01)kg],在望远镜中观察标尺的像,并在表 3-28中逐次记下相应的标尺读数 $n_2,n_3,\cdots,n_8$,然后按相反的次序将砝码逐个取下,分别记下相应的标尺读数 $n_8',n_7',\cdots,n_1'$。

注意:记录 n_i 之前需要试加所有砝码,确保放置不同砝码数量的时候都能看到标尺。

(4)用钢卷尺测量金属丝的长度 L 和平面镜与标尺的距离 D,填入表 3-29。

(5)用钢板尺测量 b:将光杠杆放在纸上压出三个脚的痕迹,量出脚 f_1 到 $\overline{f_2f_3}$ 连线的垂直距离 b,填入表 3-29。

3. 计算杨氏模量

用分组逐差法计算杨氏模量,并计算其不确定度。

【注意事项】

(1)实验系统调好后,一旦开始测量,在实验过程中绝对不能对系统的任一部分进行任何调整。否则,所有数据需要重新测量。

(2)增减砝码时要防止砝码晃动,以免钢丝摆动造成光杠杆移动,并使系统稳定后才能读取数据。

(3)注意保护平面镜和望远镜,不能用手触摸镜面。

(4)待测钢丝不能扭折,如果严重生锈或不直必须更换。

(5)望远镜调整要消除视差。

(6)因刻度尺中间刻度为零,在逐次加砝码时,如果望远镜中标尺读数由零的一侧变化到另一侧时,应在读数上加负号,即保证 n_i 越来越大,Δn_i 为正值。

(7)测量标尺到平面镜的垂直距离 D 时,卷尺应该放水平。

(8)实验完成后,应将砝码取下,防止钢丝疲劳。

【数据记录与处理】

由于测量条件的限制,L,D,b 三个量只作单次测量。所有测量量的仪器误差限 $\Delta_仪$ 见表 3-26。

表 3-26　各待测量的仪器误差限

待测量	L	D	b	Δn	d
$\Delta_{仪}/\mathrm{mm}$	3	3	0.5	0.5	0.005

L,D,b 三个量只作单次测量，$u_m = 0.01\,\mathrm{kg}$。

表 3-27　钢丝直径 d 的测量

零点误差 d_0/mm	$d_{01}=$		$d_{02}=$		$d_{03}=$		$\overline{d_0}=$
次数 i	1	2	3	4	5	6	
螺旋测微器读数 d_i'/mm							
直径测量值 $d_i=d_i'-\overline{d_0}/\mathrm{mm}$							

表 3-28　测量 Δn 数据记录表

序号(i)	砝码质量/kg	标尺读数/mm		$P_i=\dfrac{n_i+n_i'}{2}$
		n_i(加力过程)	n_i'(减力过程)	
1				
2				
3				
4				
5				
6				
7				
8				
逐差值/mm	$\Delta n_1=P_5-P_1$	$\Delta n_2=P_6-P_2$	$\Delta n_3=P_7-P_3$	$\Delta n_4=P_8-P_4$

表 3-29　L,D,b 的测量结果

待测量	L	D	b
测量值/m			

求钢丝的杨氏弹性模量，并计算其不确定度。

【预习题】

(1)材料相同，但粗细长度不同的两根钢丝，它们的杨氏弹性模量是否相同？

(2)对于金属丝的微小变化量，应采用什么方法进行测量？设光杠杆后脚到两前

脚连线的垂直距离为 $b = 6.50 \, \text{cm}$,标尺到光杠杆镜面的水平距离为 $D = 130.0 \, \text{cm}$,求此时的放大倍数 K。

（3）为什么钢丝长度只测量一次,且只需选用精度较低的测量仪器,而钢丝直径必须用精度较高的仪器测量多次?

【课后作业】

（1）为什么要使钢丝处于伸直状态? 如何保证?

（2）在实验过程中,如果望远镜或者光杠杆发生移动,能否继续进行数据测量? 是否需要重新测量? 为什么?

（3）在实验过程中,为什么对相同砝码个数,在加砝码和减砝码时,各记录一次数据?

【仪器简介】

1. 杨氏弹性模量专用装置

杨氏弹性模量专用装置由支架、光杠杆、砝码、望远镜和标尺等组成,如图 3-48 所示。

2. 望远镜和标尺

如图 3-49 所示,望远镜的右侧有调焦旋钮,可以调节望远镜中像的清晰度。标尺的中央为零点,测量过程中要注意望远镜中十字叉丝所对应的刻度 n_i 是否过零点,如果过零点需要考虑 n_i 的符号,即过零点前的 n_i 为负值。

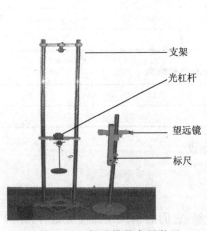

图 3-48　杨氏模量专用装置

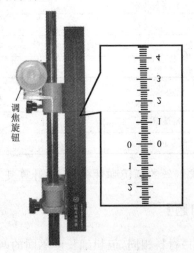

图 3-49　望远镜和标尺

实验 8　静电场的模拟

模拟法是以相似性原理为基础,用一种易于实现、便于测量的物理状态或过程(模型)模拟另一种不易实现、不便测量的状态或过程(原型),然后通过研究模型,间接获得原型规律的一种实验方法。根据模型和原型之间的关系,模拟法可分为物理模拟、数学模拟等。随着当今科学技术的高度发展,模拟法的应用范围越来越广泛,已成为提出新的科学设想、探索未知世界不可缺少的研究方法之一。

【实验目的】

(1)了解用模拟法测量物理量的原理和方法。

(2)学习用模拟法来研究静电场,测绘四种不同模拟电极的电场分布。

(3)通过对静电场分布的研究,加深对电场强度和电势概念的理解。

【实验仪器】

静电场描绘仪,静电场描绘专用电源,同步探针,水槽,四种模拟电极板。

【实验原理】

1. 模拟原因

描述静电场的空间分布可以用电场强度 E 和电势 U 两个基本量。由于标量在计算和测量上要比矢量简单得多,所以实验中对静电场的研究往往通过电势分布来进行。然而,即便如此,直接测量静电场分布仍然很困难。原因有两点:

其一,静电场是指对于观察者静止的电场,场区内没有运动的电荷,也就没有电流,所以不能用伏特计直接测量电势。

其二,与测量仪器相连接的探针本身是导体或电介质,若将其放入待测的静电场中,探针头上会产生感应电荷或束缚电荷,这些电荷产生的电场叠加在待测的静电场上,使待测的静电场产生显著的畸变,测量将失去意义。

2. 模拟原理

为了克服直接测量静电场的困难,在本实验中用稳恒电流场来模拟静电场,间接达到测量静电场的目的。用模拟法进行研究和测量时先要考虑被模拟的对象与直接测量的对象之间是否存在相似性,只有在这样的条件下才能进行模拟。因此,模拟用的电流场与静电场之间必须满足以下三个条件:

(1)电流场与静电场存在两组——对应的物理量。

(2)对应的物理量满足形式相同的数学规律。

在无源区,静电场服从的规律为

$$\oint_S \boldsymbol{E} \cdot \mathrm{d}\boldsymbol{S} = 0, \quad \oint_L \boldsymbol{E} \cdot \mathrm{d}\boldsymbol{l} = 0 \tag{3-49}$$

在电解质中,稳恒电流场服从的规律为

$$\oint_S \boldsymbol{j} \cdot \mathrm{d}\boldsymbol{S} = 0, \quad \oint_L \boldsymbol{j} \cdot \mathrm{d}\boldsymbol{l} = 0 \tag{3-50}$$

(3)具有相同形式的边界条件。

在式(3-49)和式(3-50)中,$\boldsymbol{E}$ 与 $\boldsymbol{j}$ 都是矢量,而且其数学表达式相同,这说明 $\boldsymbol{E}$ 与 $\boldsymbol{j}$ 在相同边界条件下的解有相同的数学形式,所以这两种场具有相似性。

3. 模拟实例

下面以同轴电缆为例说明静电场与稳恒电流场有相同的电场分布。

(1)同轴电缆在横截面上的静电场分布。

同轴电缆的静电场如图 3-50 所示。r_A 为内圆柱体 A 的半径,r_B 为外圆柱筒 B 的半径,A 和 B 均匀带电,电荷线密度分别为 $+\lambda$,$-\lambda$,其间形成静电场。设 B 接地,$U_B = 0$,AB 之间的电势差为 U_0。由对称性可知,电场线沿半径成辐射状,等势面是不同半径的同轴柱面。利用高斯定理,可求得半径为 r 的圆周处电场强度的大小为

$$E = \frac{\lambda}{2\pi\varepsilon_0 r} \tag{3-51}$$

根据电势和场强的积分关系,半径为 r 的圆周相对于外柱面的电势为

$$U_r = U_0 \frac{\ln(r_B/r)}{\ln(r_B/r_A)} \tag{3-52}$$

(2)同轴电缆在横截面上的电流场分布。

同轴电缆的电流场如图 3-51 所示。电极与同轴电缆的横截面形状完全相同,其间充满电阻率为 ρ 的导电介质,导电介质的厚度为 t,在内外柱面间加一直流电压 U_0,则半径为 r 宽度为 $\mathrm{d}r$ 的圆环的电阻为

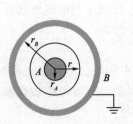

图 3-50　同轴电缆的静电场

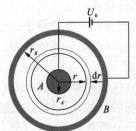

图 3-51　同轴电缆的电流场

$$dR = \rho \cdot \frac{dr}{s} = \frac{\rho}{2\pi t} \cdot \frac{dr}{r} \tag{3-53}$$

从内柱面到外柱面之间的电阻为

$$R_{AB} = \frac{\rho}{2\pi t} \ln(r_B/r_A) \tag{3-54}$$

从半径为 r 的圆周到外柱面之间的电阻为

$$R_{rB} = \frac{\rho}{2\pi t} \ln(r_B/r) \tag{3-55}$$

从内柱面到外柱面的总电流为

$$I_{AB} = \frac{U_0}{R_{AB}} = \frac{2\pi t}{\rho \ln(r_B/r_A)} \times U_0 \tag{3-56}$$

因此,半径为 r 的圆周相对于外柱面的电势为

$$U_r = U_0 \left(\frac{R_{rB}}{R_{AB}} \right) = U_0 \frac{\ln(r_B/r)}{\ln(r_B/r_A)} \tag{3-57}$$

4. 模拟条件

本实验模拟的是真空中的静电场分布,模拟用的电流场与静电场之间所满足的三个条件需要通过以下实验条件来保证。

(1)在设计电极形状时,须按被模拟静电场中带电体的形状、大小分布以一定比例放大或缩小制成电极。当然在具体问题中,可利用场的对称性,合理简化电极的形状。例如,无限长均匀带电圆柱体周围的电场分布在整个三维空间,但由于它的电场具有轴对称性,电场线垂直于柱体,所以模拟的电流线也只在垂直于圆柱体的平面内。这样,只要测量其中任何一个截面的径向电势分布就可以了。因此,电极的形状可制成有限高的柱体。

(2)模拟所用电极系统与被模拟电极系统的边界条件相同。几何上的相似不等于物理也相似,只有当两种场边界上满足相同的边界条件时,其分布才会相同。因此,当静电场中的带电体是等势体时,电流场中的电极也必须尽量接近等势体,这就要求制作电极的金属材料电导率必须远远大于导电介质的电导率,以致可忽略金属电极上的电势降落。本实验中采用铜做电极,用水做导电介质,基本满足上述要求。另外,模拟场范围应远离水盘边缘。

(3)为了模拟真空或空气中的静电场分布,所采用的导电介质应为电阻均匀和各向同性的导电材料。本实验用水作为导电介质,要求实验时水槽要调平,以保证水槽中的水厚度均匀,从而电阻均匀。

【实验内容及主要步骤】

用稳恒电流场模拟长平行导线、同轴电缆、长平行板、长线对平面四种电极的静电

场分布,各种形状的模拟电极如图 3-52 所示。

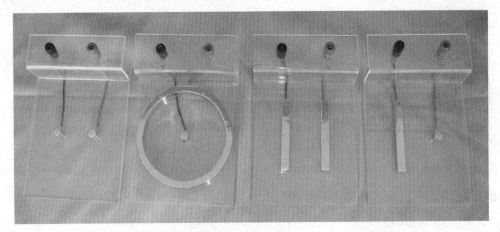

图 3-52   模拟电极

1. 实验准备

(1)认真阅读本实验后面的仪器介绍。

(2)将坐标纸铺平,夹在描绘仪上层金属框下。

(3)将水槽放入适量自来水,同轴电缆电极放入槽内,然后将其放入描绘仪下层,调节水槽水平。

(4)连接测量线路,静电场描绘电源上的电压输出端、地端分别与电极板的正、负极相接,探针输入端与探针相接。

2. 测量等势点

(1)将"内外侧"选择开关置于电压位置(内侧),旋转电压调整旋钮,使输出电压为 10 V,此时电压即为两电极间的电势差。

(2)将"内外侧"选择开关置于测试位置(外侧),此时移动同步探针即可找寻等势点。

① 将探针轻靠电极,打出两极边缘处的若干等势点。

② 在两电极之间等间距的测量 4～5 组等势点,要求每组测八个以上均匀分布的等势点,并注意记录各组等势点的电势值,相邻两组等势点间的电势差均为 1 V 或 2 V。

(3)更换模拟电极,重复步骤(2),测出其他三种模拟电极的电场分布。

(4)测试结束,关闭电源,整理好导线,将水槽中的水倒净,电极板及水槽侧立于桌面,以使装置保持干燥,将桌面上留有的水用擦桌布擦拭干净,并将擦桌布清洗干净、展开摆放。

【注意事项】

(1)水槽由有机玻璃制成,实验时应轻拿轻放,切勿损坏。

(2)在实验过程中,不要移动坐标纸和水槽,也不要调节电压,以减少误差。

(3)铅笔作图。

【数据记录与处理】

(1)在坐标纸上,根据所记录电极周围的等势点用实线画出电极。

(2)用实线将记录的各组等势点分别连接成光滑的曲线,并在每条曲线旁标出对应的电势值。

(3)根据等势线与电场线垂直的特点,以适当密度用虚线画出被模拟空间的电场线,并标明方向。

(4)在坐标纸上注明班级、姓名、学号及所模拟电极的名称。

【预习题】

(1)为什么能用电流场模拟静电场?

(2)等势线和电场线之间有什么关系?

【课后作业】

(1)出现下列情况时测绘的等势线和电场线的形状有何变化?

① 电源电压提高一倍。

② 水盆盆底不平整。

(2)怎样由测得的等势线绘出电场线? 电场线的疏密和方向如何确定? 能否从你绘制的等势线或电场线图中判断哪些地方较强,哪些地方较弱?

(3)实验中若水盆不平,水深处和水浅处的等势线分布将如何变化? 为什么?

【仪器简介】

本实验使用的是 HLD-DZ-III 型静电场描绘仪,主要由静电场描绘仪测绘系统和静电场描绘仪电源两部分组成。

1. 静电场描绘仪测绘系统

测绘系统由描绘仪和同步上下探针组成,如图 3-53 所示。描绘仪分上下两层,将坐标纸放入上层面板的夹板下,放有模拟电极的水槽放入下层,接入电源形成模拟场。

此时移动同步探针,电压示数随之变化,即可找寻等势点(以2V等势点为例):下探针可在模拟场中探测到不同点的电势,两探针由两根等长的金属片固定在探针座上,它们始终保持同步,当电压显示2V时,轻按上探针,可在坐标纸上同步打出相应的等势点,即描迹点,然后采用同样的方法继续移动探针找寻其他等势点,一般测八个以上均匀分布的等势点,就得到一条等势线的描迹点。

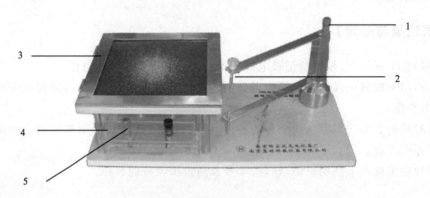

图 3-53　静电场描绘仪测绘系统

1—探针接线柱;2—探针;3—载纸板;4—水槽;5—电极接线柱

2. 静静场描绘仪电源

静电场描绘仪电源面板如图 3-54 所示,它可以提供 0~12 V 连续可调电压。

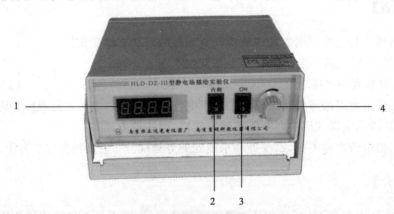

(a)静电场描绘仪电源面板(前)

1—数据显示窗口;2—内外侧选择开关;3—电源开关;4—电压调节旋钮

图 3-54　静电场描绘仪电源面板

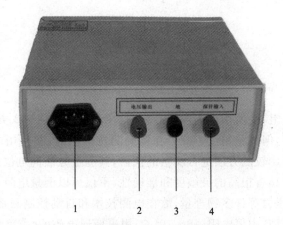

（b）静电场描绘仪电源面板（后）

1—电源插口；2—电压输出端（正极）；3—接地端（负极）；4—探针输入端

图 3-54 静电场描绘仪电源面板（续）

实验 9　电桥测电阻

用伏安法测电阻,受所用电表内阻的影响,在测量中往往引入方法误差;用欧姆表测量电阻虽较方便,但测量精度不高。在精确测量电阻时,常使用电桥进行测量。电桥是一种利用电势比较的方法进行测量的仪器,其测量方法同电位差计一样同属于比较测量法。因为它具有很高的灵敏度和准确性,不仅可以测量电阻,还可以测量电容、电感、频率、温度、压力等许多物理量,故在电测技术和自动控制测量中应用极为广泛。

电桥有多种类型,中值电阻$(10\sim10^5\ \Omega)$用惠斯通电桥(又称单臂电桥)来测量;低值电阻$(10\sim10^{-5}\ \Omega)$用开尔文电桥(又称双臂电桥)测量;高值电阻$(10^6\sim10^{12}\ \Omega)$则须用专门的高阻电桥或冲击法等测量方法。本实验采用的是惠斯通电桥测量中值电阻。

【实验目的】

(1)掌握用惠斯通电桥测量电阻的原理和方法。
(2)掌握线路连接的技能。
(3)理解电桥灵敏度的概念并学会测量。

【实验仪器】

直流电阻箱,滑线变阻器,待测电阻,检流计,直流稳压电源,双刀换向开关,箱式电桥,导线若干。

【实验原理】

1. 单臂电桥测电阻原理

惠斯通单臂电桥的原理如图 3-55 所示。标准电阻 R_0、待测电阻 R_x 及电阻 R_1,R_2 称为电桥的四个臂。在 CD 端加上直流电压,AB 间串接检流计 G,用来检测其间有无电流(A,B 两点有无电势差)。"桥"指的就是 AB 这段线路,它的作用是将 A,B 两点电势直接进行比较。当 A,B 两点电势相等时,检流计中无电流通过,称电桥达到了平衡。这时,电

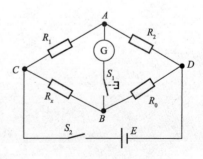

图 3-55　单臂电桥原理图

桥四个臂上电阻的关系为

$$\frac{R_x}{R_0}=\frac{R_1}{R_2}, \quad 即 \quad R_x=\frac{R_1}{R_2}R_0 \tag{3-58}$$

上式称为电桥平衡条件。若 R_0 的阻值和 R_1，R_2 的阻值（或 R_1/R_2 的比值）已知，即可由上式求出 R_x。

调节电桥平衡方法有两种：一种是保持 R_0 不变，调节 R_1/R_2 的比值；另一种是保持 R_1/R_2 不变，调节电阻 R_0，本实验采用后一种方法。

2. 电桥灵敏度

式(3-58)是在电桥平衡的条件下推得的，而判断电桥是否已经平衡，在实验中是看检流计是否指零。但由于检流计的灵敏度有限，若通过检流计的电流小到无法察觉时，人们就会认为电桥是平衡的，这样就会给测量带来误差。为此，引入电桥灵敏度 S 的概念，即

$$S=\frac{\Delta n}{\Delta R_x} \tag{3-59}$$

式中，ΔR_x 是电桥平衡时 R_x 的微小改变量；Δn 是由改变量 ΔR_x 引起的检流计指针偏转的格数。灵敏度 S 的物理意义就是在电桥平衡时，改变待测电阻阻值大小而引起的检流计指针偏转的格数。S 越大，灵敏度越高。实验和理论计算都表明，影响电桥灵敏度的因素是多种多样的。电源电压越高（当然在允许范围内），检流计本身灵敏度越高；检流计内阻越小，桥臂电阻越小，则电桥灵敏度越高。灵敏度越高，由其带来的误差就越小。

定义相对灵敏度 $S_相$ 为

$$S_相=\frac{\Delta n}{\Delta R_x/R_x} \tag{3-60}$$

可以证明

$$S_相=\frac{\Delta n}{\Delta R_x/R_x}=\frac{\Delta n}{\Delta R_0/R_0}=\frac{\Delta n}{\Delta R_1/R_1}=\frac{\Delta n}{\Delta R_2/R_2} \tag{3-61}$$

式(3-61)表明电桥四个臂的相对灵敏度相同，由此带来的误差也相同。因此，可以通过测标准电阻的相对灵敏度来得到电桥的相对灵敏度。

在计算由灵敏度带来的不确定度时，通常假定检流计的 0.2 分度为难以分辨的界限，即取 $\Delta n=0.2$ 分格，则由灵敏度带来的不确定度为

$$u_x=\frac{0.2}{S}, \quad \frac{u_x}{R_x}=\frac{0.2}{S_相} \tag{3-62}$$

为得到较大的灵敏度，在自组电桥中通常令 $R_1\approx R_2$，即 $R_1/R_2\approx1$。

注意：由于电桥灵敏度的限制，当检流计的指针在其零点左右偏转小于 Δn 时（Δn 一般为 0.2～0.5 分格），就认为电桥已经平衡。

【实验内容及主要步骤】

1. 用箱式惠斯通电桥测电阻及电桥相对灵敏度

(1)电桥使用"单桥"。

(2)电桥面板上,"B"和"G"分别为电源和检流计的开关。在接通"B""G"前,先将检流计调零,调节过程中"B""G"需要采用"跃接法"。

具体调节过程为:多次尝试按下/弹出"B""G"跃接开关,并粗调 R_0,观察开关接通瞬间检流计指针偏转情况,找到指针偏转方向与 R_0 阻值大小的对应关系,进而调节 R_0 的阻值,使检流计指零。

(3)根据待测电阻阻值的大小选择适当的比例臂,使比较臂的四个旋钮都用上,这样可以保证结果具有尽可能多的有效数字位数。

(4)为保护检流计,开始调电桥时,先将检流计在低灵敏度("灵敏度"旋钮顺时针旋转灵敏度增加)时调电桥平衡,之后边逐渐提高灵敏度边调平衡,直至灵敏度最高时,电桥平衡,记下 R_0 值。

(5)电桥平衡后,将 R_0 改变一个微小量 ΔR_0,观察检流计偏转格数 Δn。

测量数据填入表 3-30。

2. 用自组惠斯通电桥测电阻及电桥相对灵敏度

按图 3-56 所示接线自组惠斯通电桥。图中 S_2 是检流计跃接开关,R' 是保护电阻,防止大电流通过检流计(允许通过的电流在 10^{-4} A 以下)。保护电阻大,检流计安全,但电桥灵敏度降低;保护电阻减小至零时,检流计不安全,但电桥灵敏高。故如何使用保护电阻才能既保护检流计又使电桥灵敏度尽可能高,成为了本实验操作的关键。

R 是滑线变阻器,滑动端 B 将其分为 R_1 和 R_2,作为电桥的两个臂。S_1 是双刀换向开关,其作用是在不需要拆线路的情况下轻松地交换 R_x 和 R_0 的位置,这种方法称为交换法,它消除了装置不对称所引起的系统误差,待测电阻阻值只与标准电阻直接相关,不需读取 R_1 和 R_2 的值,从而减少误差。

(1)电源电压取直流 3.0 V;B 点在滑动变阻器中间附近,R' 取最大值,检流计调零。

(2)测量电阻时采用交换法,即先将 S_1 打到一侧,多次尝试按下/弹出"粗"跃接开关,并

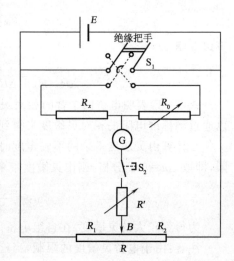

图 3-56 自组惠斯通电桥接线图

粗调 R_0,观察开关接通瞬间检流计指针偏转情况,找到指针偏转方向与 R_0 阻值大小的对应关系,进而调节 R_0 的阻值,使检流计近似指零;然后多次尝试按下/弹出"细"跃接开关,细调 R_0 使检流计指零,逐渐降低 R' 并随时细调 R_0 使检流计指零,直至 R' 降为零,试触细调旋钮,检流计也指零时,电桥达到平衡,得

$$\frac{R_1}{R_2}=\frac{R_x}{R_0} \tag{3-63}$$

B 点位置不变,将 R_x,R_0 位置互换(即将 S_1 打到另一侧)再次调整电桥至平衡,得

$$\frac{R_1}{R_2}=\frac{R'_0}{R_x} \tag{3-64}$$

联立式(3-63)和式(3-64)得待测电阻阻值为

$$R_x=\sqrt{R_0 R'_0} \tag{3-65}$$

(3)测电桥相对灵敏度 $S_{相}$。在电桥平衡时改变 R_0,使检流计偏转 3～5 格,计算出 $S_{相}$。

测量数据填入表 3-31。

【注意事项】

(1)接好线路,经检查无误后方可通电实验,注意电源电压取 3.0 V。

(2)自组电桥实验中,注意保护电阻的使用。在测量开始时,电桥通常远离平衡,必须通过大保护电阻保护检流计,在调整到平衡点附近后,又必须逐渐减少保护电阻阻值直至为零,以保证电桥足够灵敏。

(3)检流计为灵敏易损仪器,请轻拿轻放,测量时使用"跃接法"。

(4)检流计下方三个白色按钮称为跃接开关。

(5)长短导线请合理搭配使用。

【数据记录与处理】

1. 用箱式惠斯通电桥测电阻及电桥相对灵敏度

表 3-30　用箱式惠斯通电桥测电阻及电桥相对灵敏度

比例臂 $\dfrac{R_1}{R_2}$	比较臂 R_0	ΔR_0	Δn	$S_{相}$	R_x

2. 用自组惠斯通电桥测电阻及电桥相对灵敏度

表 3-31   用自组惠斯通电桥测电阻及电桥相对灵敏度

R_0	ΔR_0	Δn	$S_{相}$	R_0'	$\Delta R_0'$	$\Delta n'$	$S_{相}'$	R_x

【预习题】

(1)为什么精测电阻用电桥而不用伏安法或欧姆表？

(2)从电桥原理讲，只需测量一次即可得到待测电阻阻值，用自组惠斯通电桥为什么要采用交换法？

【课后作业】

(1)在自组惠斯通电桥中，保护电阻阻值过大会使电桥灵敏度降低，如何使用保护电阻才能既保护检流计又使电桥灵敏度尽可能高？

(2)能否用直流电桥测量电表内阻？

【仪器简介】

图 3-57 所示为 QJ60 型教学单双臂两用电桥，采用惠斯通/开尔文两种电路，全量程由 10 个量程倍率和 4 个十进制读数盘组成，内附检流计，工作电源有外接和电池两种模式（两种模式不能同时使用），可以对直流电阻作准确的测量。

电桥的总有效量程，单臂电桥为 $10 \sim 1\,111\,000\ \Omega$，双臂电桥为 $10^{-4} \sim 1\,111\ \Omega$。

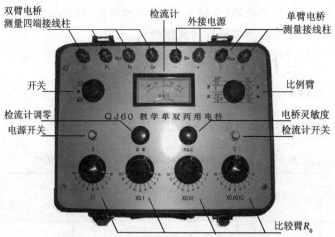

图 3-57   QJ60 型教学单双臂两用电桥

电桥各量程倍率及有效量程如表 3-32 所示。

表 3-32　QJ60 型教学单双臂两用电桥量程倍率及有效量程

单　臂　电　桥		双　臂　电　桥	
量程倍率	有效量程/Ω	量程倍率	有效量程/Ω
10	10～111.1	10^{-2}	0.000 1～0.111 1
10^2	100～1 111	10^{-1}	0.1～1.111
10^3	1 000～11 110	1	1～11.11
10^4	10 000～111 100	10	10～111.1
10^5	100 000～1 111 000	10^2	100～1 111

1. 电桥测量电阻的基本步骤

(1)接电源。在电池盒内放入需要的电池,或者接上外接电源。

注意二者不可同时有。

(2)选择开关状态。单臂/双臂。

(3)调零。调节调零旋钮,使检流计的指针指在零线上,在测量过程中,发现检流计指针偏离零位,可以随时调节调零旋钮,再进行测量。

(4)接被测电阻。双臂电桥接四端连接法,接在 C_1,P_1,P_2,C_2 接线柱上,C_1,C_2 为电流端,P_1,P_2 为电压端。单臂电桥接在两接线柱上,1,2 之间为被测电阻。

(5)估计被测电阻大小,选择适当量程倍率,即比例臂的挡位。

(6)测量电阻。选择合适的灵敏度,先按下"B"按钮,再按下"G"按钮,调节 R_0,使检流计指零。调节过程中"B""G"需要采用"跃接法"。

被测量电阻值按下式计算:

$$被测量电阻值(R_x) = 量程倍率 \times 比较臂 R_0 读数示值(\Omega)$$

(7)测量完毕,把开关旋到"断"。

2. 检流计使用方法

图 3-58 所示为检流计控制面板图。

(1)打开开关。检查检流计供电是否正常。

(2)调零。调节调零旋钮使检流计指针处于中间刻度处(即零点)。

(3)接电路。调零后,将检流计接入电路,不区分正负极(因为检流计零点在中间刻度处)。

(4)检测电路中是否有电流,并调节电路使检流计指零。使用过程中先"粗"调,再

"细"调,测量时用跃接法,调节电路直到指针指零点。

(5)关闭开关。使用完毕后,关闭开关。

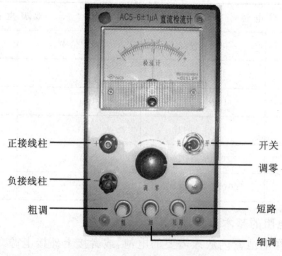

图 3-58　检流计控制面板

实验 10　用电位差计校准毫安表并测其内阻

直流电位差计是电学实验中常用的一种高精度测量仪器,它是利用电压补偿原理来精确测量电势差的。在测量过程中,通过电压补偿使测量回路中不产生电流,克服了由于仪表内阻存在而导致的接入误差。其测量结果仅依赖于标准电池、标准电阻和检流计。若选择高精度的标准电池、标准电阻及高灵敏度的检流计,会使测量结果具有很高的精度,一般可达 0.01 级甚至更高。它不但可以直接或间接测量电动势、电压、电流、电阻等,还可以借助传感器测量非电学量,是常用的测量仪器。

【实验目的】

(1)学习电位差计的使用方法;

(2)掌握用电压补偿法测量物理量的原理和方法;

(3)学会绘制毫安表校准曲线,并测量其内阻。

【实验仪器】

电位差计,标准电池,灵敏直流检流计,直流稳压稳流电源,直流电阻箱,滑线变阻器,毫安表,导线。

【实验原理】

1. 电位差计测量原理

图 3-59 所示为 UJ31 型电位差计原理图。通过 R_T 的调节,使标准电池在不同外部实验环境温度下得到补偿;R_P 用来调节工作电流 I_0;在工作电流 I_0 一定的情况下,调节 R_U 可使其上的电压随之改变。调节 R_U 的同时通过检流计观察测量支路中电流的变化,当检流计指零时,R_U 两端的电压即与待测电压 E_x 相同。而电阻转盘上的刻度已经由电阻值转换为相应的电压值,因此可直接得出待测电压 E_x 的大小。

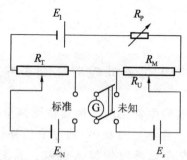

图 3-59　UJ31 型电位差计原理图

E_1—工作电源；R_P—工作电流调节电阻；

E_x—待测电压；R_T—调定电阻；E_N—便携式标准电池；

R_M—内置变阻器；R_U—R_M 的左侧部分，读数盘电阻；G—直流检流计

2. 校准毫安表及测量其内阻的原理

测量电路如图 3-60 所示，R 为滑线变阻器，起分压作用。R_0 为标准电阻箱，两端接电位差计的未知 2。毫安表两端接电位差计的未知 1。

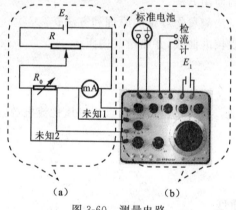

图 3-60　测量电路

测出电阻箱两端的电压 U_2，于是通过 R_0 的电流，亦即通过毫安表的实际电流为

$$I_{标} = U_2/R_0 \tag{3-66}$$

将实际电流 $I_{标}$ 与毫安表示数 $I_{示}$ 加以比较，找出其误差，即

$$\Delta I = I_{标} - I_{示} \tag{3-67}$$

该毫安表的准确度等级由下式给出

$$K = \frac{|\Delta I|_{max}}{I_m} \times 100\% \tag{3-68}$$

式中,K 为毫安表准确度等级;$|\Delta I|_{max}$ 为最大误差;I_m 为毫安表量程。同时,测出毫安表两端电压 U_1,则毫安表内阻为

$$r_g = U_1 / I_标 \tag{3-69}$$

【实验内容及主要步骤】

1. 定标

(1)检流计:打开开关,然后检流计调零。

(2)电位差计:K_1 拨至"断",按照图 3-60(b)所示连接标准电池、检流计、工作电源。

(3)R_T 拨至 1.0186 V,K_1 拨至"标准"位置。工作电源 E_1 设为 6.0 V。

(4)先锁定电位差计的"粗"按钮,调节 R_p 使检流计近似指零。然后弹起"粗"按钮,锁定"细"按钮,精确调节 R_p 使检流计指零,即检流计指针指在刻度盘中央。

(5)此时工作电流调节完毕,大小为 10 mA。

注意:定标完成后,后续测量过程中要求保持工作电流不变,即 R_p 旋钮不可再调节。

2. 测量毫安表及电阻箱两端电压

(1)工作电源 E_2 设为 1.0 V,按图 3-60(a)所示连接滑线变阻器、毫安表和电阻箱,并将毫安表和电阻箱分别与电位差计面板上的未知 1 和未知 2 连接,毫安表选择 10 mA 量程,电阻箱 $R_0 = 10.0\ \Omega$。

(2)调节滑线变阻器 R,使毫安表指示 1 mA。

(3)选择合适的 R_U 电阻倍率 K_0(×1 或者 ×10)。

(4)将 K_1 拨至"未知 1"的位置,先锁定电位差计的"粗"按钮,调节 R_U 的 a, b, c 三个旋钮,使检流计近似指零,粗调完成,弹起"粗"按钮;再锁定"细"按钮,调节 R_U 的 a, b, c 三个旋钮,使检流计精确指零,细调结束,弹起"细"按钮,分别读出 a, b, c 三个旋钮的值,即可得到毫安表两端电压,计算公式为 $U_1 = (a \times 1 + b \times 0.1 + c \times 0.01) \times K_0$,单位为 mV。将数据记入表 3-33。

(5)同理,将 K_1 拨至"未知 2"的位置可测出电阻箱两端电压 U_2。将数据记入表 3-33。

(6)调节滑线变阻器,使毫安表依次指示 2 mA,3 mA,…,10 mA,重复上述步骤(3),(4)和(5),完成表 3-33。

3. 数据处理

画出校准曲线,确定被校表的准确度等级,计算毫安表内阻。

【注意事项】

(1)K_1 不得长时间置于"标准"位置。

(2)工作电源的电压必须在规定范围内。

(3)调节 c 盘时,请不要跨越其空白区域,一旦经过空白区域电阻 R_U 就会断开,检流计就会指零,但此时 a,b,c 三个旋钮的值并不是所需的测量结果。

(4)实验结束,将所有跃接开关全部弹起,K_1 拨至"断"的位置,关闭检流计开关。

【数据记录与处理】

表 3-33　测量毫安表和电阻箱电压数据记录表格

电表示数 $I_示$/mA		1	2	3	4	5	6	7	8	9	10
K_0											
标准电阻 R_0/Ω											
电位差计读数/mV	未知1 U_1										
	未知2 U_2										
实际电流 $I_标$/mA											
$\Delta I = I_标 - I_示$/mA											
电表内阻 r_g/Ω											

在坐标纸上画出校准曲线,即 ΔI 随 $I_示$ 的变化曲线,并计算毫安表准确度等级及其内阻。

【预习题】

(1)电位差计测电压的原理是什么?

(2)在对电位差计进行校准或用其进行电压测量时,为什么要先接通"粗调"再接通"细调"直到最后平衡?

(3)当用一已被定标的电位差计去测量标准电阻上的电压时,发现检流计总往一边偏,无论如何也调不平衡,试分析哪些原因会导致上述现象发生。

【课后作业】

(1)如何利用低量程的电位差计校准比其量程高的电压表?请画图说明。

(2)根据所画的校准曲线,若毫安表读数为 7.9 mA,则回路中实际电流为多少?

【仪器简介】

1. UJ31 型直流电位差计

UJ31 型直流电位差计是采用补偿法来测量直流电动势或电压的,如配用直流标准电阻时,还可测量电流和电阻,其控制面板如图 3-61 所示。若配用各种转换器时,还可进行非电量的测量。

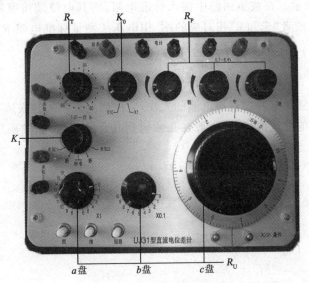

图 3-61　电位差计控制面板

K_0—R_U 电阻倍率;K_1—检流计控制旋钮;R_T—定标电阻;

R_P—工作电流调节电阻;R_U—读数盘 a、b、c 电阻

注:电位差计左下方白色按钮称为跃接开关(粗、细和短路),实验过程中可按下去旋转锁定。

(1)主要技术指标。

① 准确的等级:0.05 级。

② 电源电压为直流 5.7~6.4 V。

③ 电压测量范围如表 3-34 所示。

表 3-34　电位差计电压测量范围

倍　率 K_0	测　量　范　围
×10	0~171 mV
×1	0~17.1 mV

④ 温度补偿范围:1.017 6~1.019 8 V。

⑤ 电位差计工作电流:10 mA。

(2)测量方法。

① 电压的测量。对电位差计进行定标,定标后将待测电压的电路两端接入"未知1"或者"未知 2",并将检流计控制旋钮 K_1 拨至相应的位置,选择合适的倍率 K_0,先粗调后细调,调节 R_U 的三个读数盘 a,b,c 使检流计指零,即可得到待测电压。

② 电流的测量。在被测回路中接入标准电阻,将其电位端按照极性分别接在电位差计"未知 1"或者"未知 2"相对应的端,用电压法测量标准电阻 R_N 上的电压降落 U_N,则被测电流 I_x 即可算出,$I_x = \dfrac{U_N}{R_N}$。

2. 毫安表

毫安表用于测量电路中直流电流的大小,它由磁电式表头并联适当电阻组成。量程是指针满偏时的电流值,内阻一般在几欧姆到几百欧姆之间,准确度等级一般分为七级(0.1,0.2,0.5,1.0,1.5,2.5,5.0)。

实验 11　声速的测量

声速是声波在介质中的传播速度,它是描述声波在介质中传播特性的一个基本物理量,与介质的特性及环境状态等因素有关,通过测量介质中的声速,可以了解介质的特性或状态变化。声速测量在工业生产和检测中应用非常广泛。例如,氯气、蔗糖等气体或溶液的浓度、氯丁橡胶乳液的比重,以及输油管中不同油品的分界面等,都可以通过测定这些物质中的声速来解决。

【实验目的】

(1)了解压电换能器的功能及原理。

(2)理解应用示波器进行非电量电测法的思路,提高综合使用示波器的能力。

(3)掌握共振干涉法和相位比较法测量空气中的声速。

(4)熟练使用逐差法处理实验数据。

【实验仪器】

声速测量仪,信号发生器,示波器,视频线等。

【实验原理】

1. 声波选择——超声波

声波是一种在弹性介质中传播的机械波,它是纵波,其振动方向与传播方向一致。频率在 20 Hz~20 kHz 之间的声波可以被人听到,称为可闻声波。频率低于 20 Hz 的声波称为次声波,地震、海啸、台风及火山喷发等都可以发出次声波。次声波不易衰减,不易被水和空气吸收,次声波的波长往往很长,因此能绕开某些大型障碍物发生衍射,某些次声波甚至能绕地球 2~3 周。某些次声波的频率由于和人体器官的振动频率相近,容易和人体器官产生共振,对人体有很强的伤害性,严重时可致人死亡。频率在 20 kHz 以上的声波称为超声波,蝙蝠和海豚就可以发出超声波。超声波方向性好,穿透能力强,易于获得较集中的声能,其在水中传播距离远,可用于测距、测速、清洗、焊接、碎石、杀菌消毒等。超声波在医学、军事、工业、农业上有很多应用。本实验就选择超声波为声波源。

2. 声波的发射与接收——压电换能器

如图 3-62 所示,压电换能器是指利用压电材料的正压电效应(或逆压电效应)制成的换能器。换能器是指可以进行能量转换的器件,通常也可以称之为电声换能器,用来发射声波的换能器称为发射器,用来接收声波的换能器称为接收器。例如,压电蜂鸣器就属于电声换能器,通常可以用作报警器等。

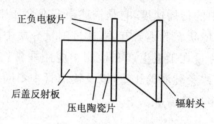

正负电极片

后盖反射板

压电陶瓷片

辐射头

图 3-62　压电换能器

本实验采用压电换能器来实现声压和电压之间的转换。压电换能器做波源具有平面性、单色性好及方向性强的特点。同时,由于频率在超声范围内,一般的音频对它没有干扰。频率提高,波长 λ 就短,在不需要很长的距离中就可测得许多个 λ,取其平均值,λ 测定就比较准确,这些都可使实验的精度大大提高。

实验中,速度是非电学量参数,电压是电学量参数,所以声速测量实验是非电量电测技术的一个典型案例。

3. 声波在空气中传播的速度——声速

(1)理论值计算。

假设空气为理想气体,则声波在空气中的传播可以近似为绝热过程,传播速度可以表示为

$$v=\sqrt{\frac{RT\gamma}{\mu}} \tag{3-70}$$

式中,R 是摩尔气体常数;γ 是气体的比热容比;T 是气体的绝对温度;μ 是气体摩尔质量。

在正常情况下,根据干燥空气成分的质量比例可算出空气的平均摩尔质量等于 $28.946\times10^{-3}\,\mathrm{kg/mol}$,0 ℃时声波在干燥空气中的传播速度 $v_0=331.5\,\mathrm{m/s}$,空气的温度为 t(单位:℃)时,声速可以表示为

$$v=\sqrt{\frac{R\gamma}{\mu}(273.15+t)}=v_0\sqrt{\left(1+\frac{t}{273.15}\right)}=331.5+0.6t \tag{3-71}$$

(2)实验室测量。

声速、频率和波长之间的关系式为

$$v = f\lambda \tag{3-72}$$

式中，f 为声波频率，λ 为声波波长。

由式(3-72)可知，只要能测出 f 和 λ 就能测出声速。本实验中声波频率可由信号发生器直接读出，因此主要任务是测量声波的波长。本实验以两个压电换能器(图 3-63 中的 S_1 和 S_2)用于超声波的发射和接收。S_1 是利用压电体的逆压电效应，由低频信号发生器发出一定频率的电功率信号使压电体 S_1 产生机械振动，在空气中激发出超声波。S_2 是利用压电体的正压电效应，将接收到的超声波转换成电信号，并可从示波器中观察到。S_1 和 S_2 固定在声速测量仪的导轨上，借助导轨上的标尺可以精确调节或测量它们之间的相对距离。

4. 声波波长的测量——两种方法

(1)共振干涉法。

如图 3-63 所示，S_1 为声波源，S_2 为接收器。S_2 不但能接收到声波，而且能反射部分声波。S_1 发出近似平面波，S_1 与 S_2 表面相互平行时，S_1 发出的声波和 S_2 反射的声波皆在 S_1 与 S_2 之间往返发射，相互干涉叠加。

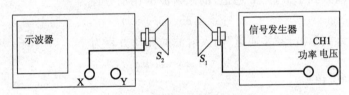

图 3-63　共振干涉法实验

叠加的波可近似看作具有弦驻波加行波的特征。在示波器上观察到的是这两个相干波在 S_2 处合成振动的情况。由纵波的性质可以证明，当接收器端面按振动位置来说处于波节时，则按声压来说就是处于波幅最大的位置。

当发生共振时，接收器端面处于波节位置时，接收到的声压最大，经接收器转换成的电信号最强。声压的变化如图 3-64 所示。

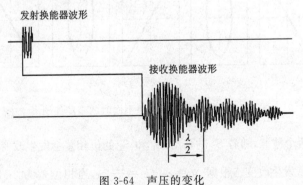

图 3-64　声压的变化

随着接收器位置的变化,示波器观察到的合成振动的振幅大小成极大值逐渐减小的周期性变化。示波器的电信号幅度每一次周期性变化,就相当于 S_1 与 S_2 之间的距离改变了 $\lambda/2$。测定这个距离,即可求得波长 λ。

(2)相位比较法。

如图 3-65 所示,将示波器调至 X-Y 工作模式,此时 S_2 探头接收到的信号与信号源 CH1 电压输出端的信号(与 S_1 探头信号相同)进行叠加,此时属于相互垂直的两个同频率的信号合成,合成李萨如图形(图形见实验 2 示波器的使用)。

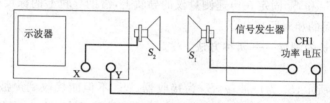

图 3-65 相位比较法实验

设由 S_1 输入到示波器"Y 通道"的入射波的振动方程为

$$y = A_2 \cos(\omega t + \varphi_2) \tag{3-73}$$

由 S_2 输入到示波器"X 通道"的入射波的振动方程为

$$x = A_1 \cos(\omega t + \varphi_1) \tag{3-74}$$

则合成的振动方程为

$$\frac{x^2}{A_1^2} + \frac{y^2}{A_2^2} - \frac{2xy}{A_1 A_2}\cos(\varphi_2 - \varphi_1) = \sin^2(\varphi_2 - \varphi_1) \tag{3-75}$$

此方程轨迹为椭圆,椭圆的长短轴和方位由相位差 $\Delta\varphi = \varphi_2 - \varphi_1$ 决定,如图 3-66 所示。

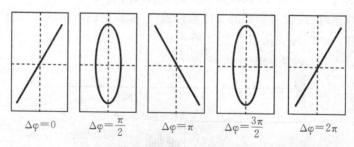

$\Delta\varphi = 0$ $\Delta\varphi = \dfrac{\pi}{2}$ $\Delta\varphi = \pi$ $\Delta\varphi = \dfrac{3\pi}{2}$ $\Delta\varphi = 2\pi$

图 3-66 频率相同、相位差不同时的李萨如图形

S_1 和 S_2 为两个波源,随着 S_2 的移动,S_1 和 S_2 的位相差会发生改变,从而导致合成的李萨如图形的形状发生改变。根据 $\Delta\varphi = \varphi_2 - \varphi_1 = \dfrac{\Delta x}{\lambda} 2\pi$,当相位差为 2π 时,S_1 和 S_2 的距

离改变一个 λ（即 S_2 在游标尺上移动了 λ 的距离），相应的李萨如图形变化一个周期。

为了方便，选择李萨如图形为一条斜直线（即相位差为 0 或 π）。当直线斜率符号每改变一次时，相位差改变 π，即 S_2 相对测量起点相应地移动了 $\lambda/2$，由此可测出波长 λ。

【实验内容及主要步骤】

1. 共振干涉法测声速

（1）按图 3-63 所示连接好实验装置。

（2）将测试系统频率调整至谐振频率（共振频率）。当外加的声波的频率与压电换能器本身的固有频率（35.00~45.00 kHz）相同时，换能器输出信号的振幅最大，所以当接收端信号的振幅最大时所对应的频率就是系统的谐振频率。

调节声速测量仪手轮，使 S_1 与 S_2 无限靠近但不接触，保持 S_1 与 S_2 不动，将信号发生器的频率（即声波源的频率）调至 35.00 kHz，适当调节示波器，使得示波器上显示出大小合适的正弦波图像，然后在 35.00~45.00 kHz 范围内逐渐改变频率，从中找出信号振幅最大时所对应的频率，即为系统谐振频率。

（3）测量波长。保持系统频率处于谐振频率，调节声速测量仪手轮，逐渐增大 S_1 与 S_2 之间的距离，并连续记录 10 个振幅最大位置，分别记为 $L_1, L_2, \cdots, L_9, L_{10}$，填入表 3-35，利用逐差法计算波长，并记录室内温度。

注：当 S_1 与 S_2 距离较近时，示波器上显示的振幅幅度可能会比较大，可适当调节示波器的电压系数旋钮以便观测。

2. 相位比较法测声速

（1）按图 3-65 所示连接好实验装置。保持系统频率为谐振频率不变，并将 S_1 与 S_2 距离调近。

（2）将示波器调至 X-Y 工作状态，适当选择两个电压系数旋钮，从示波器上观察到大小适中的李萨如图形。

（3）逐步改变 S_1 与 S_2 的距离，找到示波器上显示斜直线的位置，连续记录 10 个位置，分别记为 $L_1, L_2, \cdots, L_9, L_{10}$，填入表 3-36，利用逐差法计算波长，并记录室内温度。

【注意事项】

（1）应在系统始终处于谐振工作状态下测量，以保证信噪比足够大。

（2）调节声速测量仪手轮时，保持转动方向不变，避免回程差。

（3）测量时，室内保持安静，避免来回走动，减少干扰。

（4）保持压电换能器表面光洁，避免硬物划伤表面。

（5）共振频率需要耐心调节，力求精确。

【数据记录与处理】

1.共振干涉法测空气中的声速（声源频率 $f=$____ kHz；室温 $t=$____ ℃）

表 3-35 共振干涉法测空气中的声速数据记录

振幅最大位置/mm	L_1	L_2	L_3	L_4	L_5
	L_6	L_7	L_8	L_9	L_{10}
$\Delta L_i=L_{i+5}-L_i$/mm					

求声速，并计算其误差。

2. 相位比较法测空气中的声速（声源频率 $f=$____ kHz；室温 $t=$____ ℃）

表 3-36 相位比较法测空气中的声速数据记录

李萨如图形(斜直线)位置/mm	L_1	L_2	L_3	L_4	L_5
	L_6	L_7	L_8	L_9	L_{10}
$\Delta L_i=L_{i+5}-L_i$/mm					

求声速，并计算其误差。

【预习题】

(1)什么是李萨如图形？
(2)示波器的 X-Y 工作方式如何调节？
(3)声速与哪些因素有关？测量时选择什么样的声源？为什么？

【课后作业】

(1)为什么换能器要在谐振频率条件下进行声速测量？怎样判断系统是否处于谐振状态？
(2)为什么发射换能器的发射面和接收换能器的接收面要保持相互平行？

【仪器简介】

信号发生器和示波器简介详见实验 2 示波器的使用，图 3-67 所示为声速测量仪。

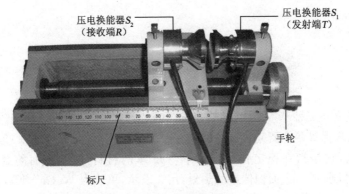

图 3-67　声速测量仪

1. SW-3 型声速测量仪的参数

测量范围:0~100 mm,最小读数:0.01 mm;

精密丝杆传动范围:0~150 mm;

谐振点阻抗:800~1 000 Ω;

高质量强信号超声换能器谐振频率:35~45 kHz;

测量介质:空气。

2. 声速测量仪接收探头 S_2 位置 L 的确定

$L=$标尺刻度＋手轮刻度×0.01,单位为 mm。

实验 12　材料导热系数的测量

导热是热交换三种基本形式(导热、对流和辐射)之一,是工程热物理、材料科学、固体物理、能源、环保等各个研究领域的课题之一。导热系数(又称热导率)是反映材料热性能的物理量,它是指在稳定传热条件下,1 m 厚的材料,两侧表面的温差为 1K(或 1℃),在 1 h 内,通过 1 m² 面积传递的热量,用 λ 表示,单位为 W/(m·K),瓦/(米·开)(此处的 K 可用℃代替)。材料的导热系数不仅与材料的物质成分密切相关,而且与它的微观结构、温度、压力及杂质含量有关系。一般来说,固体的热导率比液体的大,而液体的又要比气体的大。这种差异很大程度上是由于这两种状态分子间距不同所导致的。在科学实验和工程设计中,常常需要由实验去具体测量材料的导热系数。

1882 年,法国科学家傅里叶奠定了热传导理论,目前各种测量导热系数的方法都建立在傅里叶热传导定律基础之上。从测量方法来说,可分为两类:稳态法和动态法。在稳态法中,先利用热源对样品加热,样品内部的温差使热量从高温向低温处传导,当加热和传热过程达到平衡状态时,待测样品内部就能形成稳定的温度分布。在稳定的温度分布下,就可计算出导热系数,这种方法称为稳态法。而在动态法中,最终在样品内部所形成的温度分布是随时间变化的(如呈周期性的变化),变化的周期和幅度也受实验条件和加热速度的影响。本实验采用的是稳态平板法测量材料的导热系数。

【实验目的】

(1)理解导热系数的概念及意义。
(2)学习用稳态平板法测量绝热材料的导热系数。
(3)学习用作图法求冷却速率的方法。
(4)掌握一种用热电转换方式进行温度测量的方法。

【实验仪器】

导热系数测定仪,冰点补偿装置,样品(胶木板等),游标卡尺。

【实验原理】

1. 热传导

导热是物体相互接触时,由高温部分向低温部分传播热量的过程。当温度的变化

只是沿着一个方向（设为 z 方向）进行的时候，热传导的基本公式可写为

$$dQ = -\lambda \left(\frac{dT}{dz}\right)_z dS \cdot dt \qquad (3\text{-}76)$$

它表示在 dt 时间内通过 dS 面的热量为 dQ。dT/dz 为温度梯度；λ 为导热系数，它的大小由物体本身的物理性质决定，单位为 $W/(m \cdot K)$，它是表征物质导热性能大小的物理量，式中负号表示热量从高温区向低温区传导。

在图 3-68 中，B 为待测样品盘，它的上下表面分别与上下铜盘 A，P 接触，热量从高温铜盘 A 通过样品盘 B 向低温铜盘 P 传递。若 B 很薄，则在稳定导热（稳态）的情况下，在 Δt 时间内，通过面积为 S，厚度为 h 的匀质样品盘的热量为

$$\Delta Q = -\lambda \frac{T_1 - T_2}{h} S \cdot \Delta t \qquad (3\text{-}77)$$

式中，T_1，T_2 分别为高温铜盘和低温铜盘的温度。将上式稍作变形，得到

$$\frac{\Delta Q}{\Delta t} = -\lambda \frac{T_1 - T_2}{h} S \qquad (3\text{-}78)$$

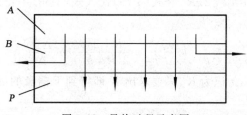

图 3-68　导热过程示意图

在式（3-78）中，$\Delta Q/\Delta t$ 表示单位时间内物体吸收的热量，即待测物在稳态时的导热速率，S，h 分别为待测圆盘的横截面积和厚度，$T_1 - T_2$ 为稳态时待测圆盘上下表面的温度差，由式（3-78）可知，只需测出 $\Delta Q/\Delta t$，$T_1 - T_2$，h 和 S，就可计算出它的导热系数 λ。

2. 导热速率的测定

导热速率 $\Delta Q/\Delta t$ 是一个无法直接测定的量，需要设法将其转化为较为容易测量的量。在实验中，使上、下铜盘分别达到恒定温度 T_1，T_2（$T_1 > T_2$）。为了维持恒定的温度，必须不断地给高温铜盘（上铜盘）加热，热量通过样品传到低温铜盘，低温铜盘则要将热量不断地向周围环境散出。当加热速率、导热速率与散热速率相等时，系统即达到稳态。此时低温铜盘的散热速率就是样品内的导热速率。因此，只要测得低温铜盘在稳态温度 T_2 下的散热速率，也就得到了样品内的导热速率 $\Delta Q/\Delta t$。但是，铜盘的散热速率也不易测量，需要将其进一步转化为较易测量的冷却速率。

问题的关键就是如何测量下铜盘的冷却速率。一般情况下，由比热容的基本定义

$c = \Delta Q/(m \cdot \Delta T')$（$\Delta T'$ 为物体温度改变量），即 $\Delta Q = cm\Delta T'$，得到的散热速率 $\Delta Q/\Delta t$ 与冷却速率 $\Delta T'/\Delta t$ 的关系为

$$\left(\frac{\Delta Q}{\Delta t}\right)_{\text{全}} = cm\frac{\Delta T'}{\Delta t} \tag{3-79}$$

但在本实验中，因为下铜盘的上表面和样品接触，所以铜盘的散热面积是下表面面积与侧面积之和，设为 $S_{\text{部}}$。而冷却速率是下铜盘全部裸露于空气中测得的。设下铜盘的半径为 R，厚度为 h_P，其全部表面积为 $S_{\text{全}}$，根据散热速率与散热面积成正比的关系，得

$$\frac{\left(\dfrac{\Delta Q}{\Delta t}\right)_{\text{部}}}{\left(\dfrac{\Delta Q}{\Delta t}\right)_{\text{全}}} = \frac{S_{\text{部}}}{S_{\text{全}}} \tag{3-80}$$

式中，$\left(\dfrac{\Delta Q}{\Delta t}\right)_{\text{部}}$ 为部分面积的散热速率；$\left(\dfrac{\Delta Q}{\Delta t}\right)_{\text{全}}$ 为全部面积的散热速率。将 $S_{\text{部}} = 2\pi Rh_P + \pi R^2$，$S_{\text{全}} = 2\pi Rh_P + 2\pi R^2$ 和式（3-79）代入式（3-80）中得散热速率与冷却速率的关系为

$$\frac{\Delta Q}{\Delta t} = \left(\frac{\Delta Q}{\Delta t}\right)_{\text{部}} = \frac{R + 2h_P}{2(R + h_P)}cm\frac{\Delta T'}{\Delta t} \tag{3-81}$$

将冷却速率 $\Delta T'/\Delta t$ 记为 K，只要求出 K 即得到下铜盘的散热速率，也即得到样品盘的导热速率。

3. 导热系数的确定

把式（3-81）代入式（3-78），并考虑到样品半径和下铜盘半径相同，$S = \pi R^2$，最终得到样品导热系数的表达式为

$$\lambda = \frac{-cmKh(R + 2h_P)}{2\pi R^2(T_1 - T_2)(R + h_P)} \tag{3-82}$$

式中，c 为铜盘的比热容；m 为下铜盘的质量；R 为下铜盘和样品的半径；h_P 和 h 分别为下铜盘和样品的厚度。

另：本实验选用铜-康铜热电偶测温度，其温度与电动势的关系见【仪器简介】中的表 3-40 铜-康铜热电偶分度表。对一定材料的热电偶而言，当温度变化范围不大时，其温差电动势与待测温度的比值是一个常数，即温度 T 时热电动势为

$$V_T = k(T - T_0) \tag{3-83}$$

式中，T_0 为冷端温度 $0\,°\!C$（冷端浸在冰水混合物中）；k 为温差系数。若材料温度由 T_1 变为 T_2，则热电动势变化为

$$\Delta V_T = k(T_2 - T_1) \tag{3-84}$$

故冷却速率可以直接以电动势值代替温度值，即可记为

$$K' = \frac{\Delta V'_{T_2}}{\Delta t} \tag{3-85}$$

则样品导热系数的表达式为

$$\lambda = \frac{-cmK'h(R+2h_P)}{2\pi R^2 (V_{T_1}-V_{T_2})(R+h_P)} \tag{3-86}$$

【实验内容及主要步骤】

1. 记录

测量样品盘与下铜盘的几何尺寸和质量等物理量,将数据记入表 3-37。铜盘的比热容为 $c=3.805\times10^2$ J/(kg·K)。

2. 安装样品盘

在零点补偿装置两个信号输入端 Ⅰ、Ⅱ 的末端抹上少量导热硅脂,然后将其分别插入上、下铜盘测量小孔。图 3-69 为冰点补偿装置。

图 3-69　冰点补偿装置

注意:① Ⅰ 端在上,Ⅱ 端在下;② 样品盘与铜盘之间不要留有空隙。

3. 加热温度的设定

(1)功能说明:按一下"PID 温控表"面板上的设定键 S,此时设置值最后一位数码管开始闪烁;再按一下设定键 S,倒数第二位数码管开始闪烁;依此类推。数码管开始闪烁后,即可通过加数键(▲)和减数键(▼)来设定所需的加热温度。设定好加热温度后,等待 8 s,数码管停止闪烁,返回至正常显示状态。

(2)将加热温度设定为 60 ℃。

4. 加热上铜盘

方法一:将"控制方式"开关拨至"手动"位置,先将"手动控制"开关打到"高"挡,当"PID 温控表"上显示的"测量值"接近 60 ℃时,再将"手动控制"开关拨至"低"挡,直至

"测量值"显示为 60 ℃。

方法二：将"控制方式"开关打到"自动"位置，仪器即可自动为上铜盘加热，直至测量值显示 60 ℃，则会自动控温，保持 60 ℃。

本实验采用方法二，便于控温。

5. 稳态法测量

根据稳态法，必须等到温度分布稳定后才可以读取数据。这就需要等待较长的时间。上一步完成之后，需要等待至少 20 min 后再开始记录数据。

数据记录的方法是：

(1)将"信号选通"旋钮旋至"Ⅰ"位置，读取上铜盘温度 T_1 所对应的热电偶的电动势数值 V_{T_1}，将其记入表 3-38。

(2)将"信号选通"旋钮旋至"Ⅱ"位置，读取下铜盘温度 T_2 所对应的热电偶的电动势数值 V_{T_2}，将其记入表 3-38。

(3)每隔 2 min 重复(1)和(2)读取一组数据，总共需要测量 10 组，将其记入表 3-38。

(4)从 V_{T_1}（或 V_{T_2}）的这 10 个数值当中选择一个出现次数最多的数值，作为最终 V_{T_1}（或 V_{T_2}）的取值，查表 3-40（铜-康铜热电偶分度表）并利用内插法计算 T_2。

6. 求冷却速率

移去样品盘，使两铜盘直接接触加热，当下铜盘温度比 T_2 高出 5 ℃ 左右时，移去上铜盘，让下铜盘所有表面均暴露于空气中，使其自然冷却。将"信号选通"旋钮旋至"Ⅱ"位置，每隔 30 s 读取记录一次下铜盘温度 T_2 所对应的热电偶的电动势数值 V'_{T_2}，直至 V'_{T_2} 的数值比上述步骤 5 中 V_{T_2} 的最终取值小 0.3 mV。最后选取邻近 V_{T_2} 最终值的 10 组 V'_{T_2} 测量数据，将其记入表 3-39。根据数据冷却曲线求出温度在 T_2 附近时的冷却速率（以电动势值代替温度值）。

【注意事项】

(1)使用前将上下铜盘及样品盘表面擦干净，以保证接触良好。

(2)保证上下铜盘与样品盘紧密接触，不可夹有空气层。

(3)稳态法测量，必须保证温度稳定后才可读取上下铜盘温度值 T_1，T_2，即温度升高到 60 ℃后须稳定至少 20 min 后才可记录数据。

(4)操作时要小心，避免烫伤。

【数据记录与处理】

1. 测量记录样品盘和下铜盘参数

表 3-37　样品盘和下铜盘参数表

下铜盘	$h_P=$____mm	$R=$____mm	$m=$____g
铜盘比热容	\multicolumn{3}{c}{$c=3.805\times10^2$ J/(kg·K)}		
样品盘	h_1	h_2	h_3	$\bar{h}$

2. 热电偶温差电动势的测定

表 3-38　热电偶温差电动势记录表

V_{T_1}/mV							
V_{T_2}/mV							

上铜盘稳态时温度对应的温差电动势最终取值为 $V_{T_1}=$_____。
下铜盘稳态时温度对应的温差电动势最终取值为 $V_{T_2}=$_____。
稳态时，上铜盘温度 $T_1=$_____。
稳态时，下铜盘温度 $T_2=$_____。

3. 冷却速率的测定

$T_2'=T_2+5$ K$=$_____。

表 3-39　冷却速率记录表

t/s							
V_{T_2}'/mV							

在坐标纸上画出冷却曲线，根据冷却曲线求出温度在 T_2 附近时的冷却速率（以电动势值代替温度值）。

4. 导热系数的计算

样品盘的导热系数为

$$\lambda=\frac{-cmK'h(R+2h_P)}{2\pi R^2(V_{T_1}-V_{T_2})(R+h_P)}$$

【预习题】

(1)何谓稳态法？实验中如何去实现它？

(2)测定散热盘冷却速率时为什么要在稳态温度附近选值?

【课后作业】

(1)在计算导热系数时,为什么可以用电动势值直接代替温度值进行计算?

(2)定性分析实验误差产生的原因,通过怎样的手段方可减少实验误差?

(3)样品的导热系数大小与温度有什么关系?

【仪器简介】

图 3-70 所示为 YBF-3 型导热系数测定仪。

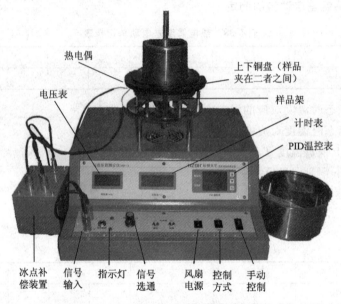

图 3-70　YBF-3 型导热系数测定仪

1. YBF-3 型导热系数测定仪主要技术指标

(1)电源:AC 220×(1±10%)V,50 Hz/60 Hz。

(2)数字电压表:3 位半显示,量程为 0～20 mV。

(3)数字计时秒表:5 位计时表,范围为 0～9 999.9 s。

(4)测量温度范围:手动和自动 PID 控温,室温至 110 ℃。

(5)加热电压:采用 36 V 安全电压加热。

(6)散热铜板:半径、厚度和质量等参数已在每一块铜板上标注。

(7)测试材料:硬铝、硅橡胶、胶木板、空气等。

(8)导热系数测量精度:≤10%。

2. 温度控制器的使用说明

设定温度值,按设定键 SET(S),显示器最后一位数码管闪烁,则该位进入修改状态,再按 S 键,闪烁位向左移一位。数码管开始闪烁后,即可通过加数键 UP(▲)和减数键 DOWN(▼)来设定所需的加热温度。设定好加热温度后,等待 8 s(即数码管闪烁 8 次),数码管停止闪烁,返回至正常显示状态。

3. 铜-康铜热电偶分度表

铜-康铜热电偶分度表如表 3-40 所示。

表 3-40 铜-康铜热电偶分度表

温度/℃	热电势/mV									
	0	1	2	3	4	5	6	7	8	9
0	0.000	0.039	0.078	0.117	0.156	0.195	0.234	0.273	0.312	0.351
10	0.391	0.430	0.470	0.510	0.549	0.589	0.629	0.669	0.709	0.749
20	0.789	0.830	0.870	0.911	0.951	0.992	1.032	1.073	1.114	1.155
30	1.196	1.237	1.279	1.320	1.361	1.403	1.444	1.486	1.528	1.569
40	1.611	1.653	1.695	1.738	1.780	1.828	1.865	1.907	1.950	1.992
50	2.035	2.078	2.121	2.164	2.207	2.250	2.294	2.337	2.380	2.424
60	2.467	2.511	2.555	2.599	2.643	2.687	2.731	2.775	2.819	2.864
70	2.908	2.953	2.997	3.042	3.087	3.131	3.176	3.221	3.266	2.312
80	3.357	3.402	3.447	3.493	3.538	3.584	3.630	3.676	3.721	3.767
90	3.813	3.859	3.906	3.952	3.998	4.044	4.091	4.137	4.184	4.231
100	4.277	4.324	4.371	4.418	4.465	4.512	4.559	4.607	4.654	4.701

实验 13　磁场的测量

　　磁场和铁磁材料的磁性参数的测量不仅是重要的磁性测量工作,而且在其他许多领域中也有着日益广泛的应用,如地质勘探、地震预报、舰船消磁、天体物理、宇宙航行、纳米材料研究及工程结构应力测定等。磁场的测量方法是多种多样的。通常是根据磁场与物质相互作用的规律,利用传感器把它转换成易于测量的物理量来进行的。例如,根据电磁感应原理,测量置于磁场中的"探测线圈"输出的感应电动势;根据霍尔效应,测量置于磁场中的"霍尔片"的霍尔电压,根据磁光效应测量光通过置于磁场中的介质后偏振面的旋转角等。然后,根据待测量量与磁场的关系,定出磁场的方向与强弱。基于电磁感应原理用探测线圈测量磁场的方法统称**磁通测量方法**,有冲击检流计法、磁通计法及电子积分器法等。本实验是利用霍尔效应测量磁场。

　　在磁场中的载流导体上出现横向电势差的现象是 24 岁的研究生霍尔(Edwin H. Hall)在 1879 年发现的,现在称为**霍尔效应**。随着半导体物理学的迅猛发展,霍尔系数和电导率的测量已经称为研究半导体材料的主要方法之一。通过实验测量半导体材料的霍尔系数和电导率可以判断材料的导电类型、载流子浓度、载流子迁移率等主要参数。若能测得霍尔系数和电导率随温度变化的关系,还可以求出半导体材料的杂质电离能和材料的禁带宽度。

【实验目的】

　　(1)了解霍尔效应,掌握利用霍尔效应测量磁场的原理及实验技巧。
　　(2)测量霍尔电压 V_H 与霍尔电流 I_H 的关系。
　　(3)测量霍尔电压 V_H 与励磁电流 I_M 的关系。
　　(4)学习用"对称测量法"消除负效应产生的系统误差。

【实验仪器】

　　霍尔效应综合实验仪,仪器由实验仪和测试仪两部分组成。

【实验原理】

1. 半导体

　　半导体是构成电子电路的基本元件,常用的半导体材料为硅(Si)和锗(Ge),均为四价元素,它们的最外层电子既不像导体那样容易摆脱原子核的束缚,也不像绝缘体那样被原子核牢牢束缚着,故导电性能介于这两者之间。纯净的不含杂质的具有晶体结构的半导体称为**本征半导体**。在本征半导体内,掺杂一些特定的杂质元素,一般为三价或五价元素,可以导致本征半导体的导电性能发生改变,并随着掺杂的杂质的含量发生变化,具有可控制性,这种半导体称为**杂质半导体**。

物质中导电的粒子称为**载流子**,导体内部的载流子为自由电子,半导体内的载流子为自由电子和空穴。由于本征半导体内部载流子的浓度较低,故导电性能较差,且载流子的浓度受温度的影响,温度越高,载流子的浓度越高,稳定性较差。如果通过扩散工艺,在本征半导体内掺入少量的杂质元素,便可得到杂质半导体。根据杂质类型的不同分为 N 型半导体(掺入五价元素,如磷)和 P 型半导体(掺入三价元素,如硼)。控制掺入杂质的浓度,就可控制半导体的导电性能。

N 型半导体内的自由电子称为**多数载流子**(简称多子),空穴称为**少数载流子**(简称少子),因为五价元素原子外层的 5 个电子只有 4 个与四价元素原子(硅或锗)形成共价键,剩余的 1 个电子不受共价键的束缚,只需很少的能量(常温下的热激发即可),就能成为自由电子。在外加电场的作用下,自由电子产生定向移动,形成电子电流。故 N 型半导体主要靠自由电子导电,掺入的杂质越多,自由电子(多子)的浓度就越高,导电性能就越好。

P 型半导体内的自由电子称为少数载流子(简称少子),空穴称为多数载流子(简称多子),因为三价元素原子外层只有 3 个电子,与四价元素原子(硅或锗)形成共价键时,会产生一个空穴。当四价元素原子(硅或锗)外层电子由于热运动填补空穴时,杂质原子成为不可移动的负离子,同时在共价键中产生一个空穴。自由电子按一定的方向依次填补空穴(即空穴也产生定向移动),形成空穴电流。故 P 型半导体主要靠空穴导电,掺入的杂质越多,空穴(多子)的浓度就越高,导电性能就越好。

2. 霍尔效应法测磁场

把一块半导体薄片(锗片或硅片)放在垂直于它的磁场 B 中(B 的方向沿 z 轴自下而上),如图 3-71 所示,在薄片的四个侧面 A,A',D,D' 分别引出两对电极,当沿 AA' 方向(y 轴方向)通过霍尔电流 I_H 时,薄片内定向移动的载流子受到洛仑兹力 f_B 的作用而发生偏转。

$$f_B = -ev \times \boldsymbol{B} \tag{3-87}$$

式中,e 为载流子(电子)电量,v 为载流子在电流方向上的平均定向漂移速度,$\boldsymbol{B}$ 为磁感应强度。载流子受力偏转的结果导致在垂直于电流和磁场方向上的 DD' 两侧分别积聚着正负电荷。从而形成附加的横向电场 E_H。DD' 间产生电势差,这一现象称为**霍尔效应**,这个电势差称为**霍尔电势差**,用 V_H 表示。显然,电场 E_H 阻止载流子继续向侧面偏移,当载流子所受的横向电场力 $f_E = eE_H$ 与洛仑兹力 f_B 大小相等时,载流子所受合力为零,即

$$evB = eE_H \qquad (3\text{-}88)$$

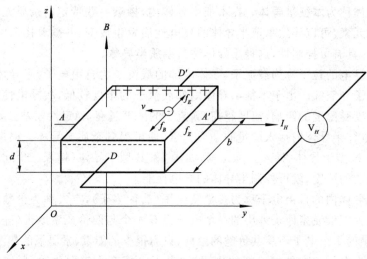

图 3-71 霍尔效应原理图

又 $V_H = bE_H$，$I_H = nevbd$，由此可得

$$V_H = S_H I_H B \qquad (3\text{-}89)$$

式中，S_H 为霍尔元件的灵敏度；$S_H = -\dfrac{1}{ned}$，n 为载流子浓度；e 为载流子电荷电量；d 为半导体薄片厚度。

霍尔元件的灵敏度为

$$S_H = \frac{V_H}{I_H B} \qquad (3\text{-}90)$$

为使 V_H 尽可能大，一般希望 S_H 越大越好，S_H 与载流子浓度 n 成反比，半导体的载流子浓度远比金属的载流子浓度小，因此，用半导体材料制成的霍尔元件，霍尔效应明显，灵敏度较高，这也是一般霍尔元件不用金属导体而用半导体制成的原因。另外，S_H 还与 d 成反比，因此霍尔元件一般较薄。

由于霍尔效应的建立所需时间很短（$10^{-12} \sim 10^{-14}$ s），因此使用霍尔元件时用直流电或交流电均可。只是使用交流电时，所得的霍尔电压也是交变的，此时，式（3-90）中的 I_H 和 V_H 应理解为有效值。

根据式（3-90），若 S_H 已知，而 I_H 由实验给出，所以只要测出 V_H 就可以求得未知磁感应强度 B

$$B = \frac{V_H}{S_H I_H} \qquad (3\text{-}91)$$

式(3-91)是在理想情况下得到的。实际中,在产生霍尔效应的同时,还伴随着几个副效应,它们都在 V_H 上产生附加电压。

(1)爱廷豪森效应。实际中载流子迁移速度 v 服从统计分布规律,速度小的载流子受到的洛仑兹力小于霍尔电场力,向霍尔电场力方向偏转,速度大的载流子受到洛仑兹力大于霍尔电场力,向洛仑兹力方向偏转。这样使得一侧高速载流子较多,相当于温度较高,而另一侧低速载流子较多,相当于温度较低。这种横向温差就是温差电动势 V_t,这种现象称为**爱廷豪森效应**。这种效应建立需要一定时间,如果采用直流电测量时会因此而给霍尔电压测量带来误差,如果采用交流电,则由于交流电变化快使得爱廷豪森效应来不及建立,可以减小测量误差。此时,式(3-91)中的 I_H 和 V_H 应理解为有效值。

(2)能斯特效应。由于电极 A,A' 之间电阻不相等,通电后发热程度不同,使得 A,A' 两端存在温度差,于是 A,A' 之间会出现热扩散电流,它在磁场作用下也在 D,D' 间产生附加电压 V_p,V_p 的正负只与 B 的方向有关。

(3)里纪-勒杜克效应。在能斯特效应中,由于扩散载流子的迁移速率不同,也在 D,D' 间产生附加电压 V_s,V_s 的正负只与 B 的方向有关。

(4)不等位效应。由于材料不均匀和制作上的困难,D,D' 两点不一定恰好在同一等势面上。这样即使 B 不存在,只要元件中有电流通过,D,D' 间产生附加电压 V_o。

为了消除这几个副效应,采取对称测量法进行测量,得到以下四个方程:

$$+B(I_M),+I_H \qquad V_1=+V_H+V_t+V_p+V_s+V_o$$
$$+B(I_M),-I_H \qquad V_2=-V_H-V_t+V_p+V_s-V_o$$
$$-B(I_M),-I_H \qquad V_3=+V_H+V_t-V_p-V_s-V_o$$
$$-B(I_M),+I_H \qquad V_4=-V_H-V_t-V_p-V_s+V_o$$

合并上述四式可得

$$V_H=\frac{V_1-V_2+V_3-V_4}{4}-V_t \tag{3-92}$$

通过上述对称测量法,虽然还不能消除 V_t 副效应,但其与 V_H 相比小得多,已经可以忽略不计。因此式(3-92)可近似写为

$$V_H=\frac{V_1-V_2+V_3-V_4}{4} \tag{3-93}$$

3. 电磁铁磁通参数的计算

电磁铁缝隙内的磁场为

$$B=k_s I_M \tag{3-94}$$

式中，k_s 表示电磁铁的磁通参数；I_M 为励磁电流

由式(3-91)和式(3-94)得

$$k_s = \frac{V_H}{S_H I_H I_M} \tag{3-95}$$

【实验内容及主要步骤】

1. 测绘 V_H—I_H 曲线

保持电磁铁缝隙中的磁场不变(即保持励磁电流 I_M 不变,将霍尔片放在磁场中心处)(取 $I_M = 0.500$ A),改变 I_H (<5.0 mA)的值,测量并计算相应的 V_H,填入表 3-41 中。

2. 测绘 V_H—I_M 曲线

保持 I_H 不变(取 $I_H = 5.0$ mA 曲线),改变 I_M (<0.500 A)的值,测量并计算相应的 V_H,填入表 3-42 中。

【注意事项】

(1)试样在电磁铁缝隙中可进行二维移动调节(横向 $x = 0 \sim 50$ mm,纵向 $Y = 0 \sim 30$ mm),实验时移动 xy 调节螺杆,使试样处于磁场中。

(2)霍尔片性脆易碎,电极极细易断,严禁撞击或用手触摸。

(3)不可将 I_M 错接到 I_H 输入端或 V_H 输出端,否则,一旦通电,霍尔片即遭损坏。

(4)使用调节时,$I_H < 15.0$ mA,$I_M < 1.000$ A。

(5)将 $I_M = 0$,$I_H = 0$,逆时针旋到头时,调校零旋钮,使 $V_H = 0$。

【数据记录与处理】

1. 测绘 V_H—I_H 曲线

表 3-41　测绘 V_H—I_H 曲线

$I_M = 0.500$ A

I_H/mA	$V_{D'D}$				$V_H = \dfrac{V_1 - V_2 + V_3 - V_4}{4}$ /mV
	V_1/mV	V_2/mV	V_3/mV	V_4/mV	
	$+B, +I_H$	$+B, -I_H$	$-B, -I_H$	$-B, +I_H$	
4.0					
4.2					
4.4					
4.6					
4.8					
5.0					

在坐标纸上作 V_H—I_H 曲线,并计算磁感应强度 B。

2. 测绘 V_H—I_M 曲线

表 3-42　测绘 V_H—I_M 曲线

$I_H = 5.0 \, \text{mA}$

I_M/A	$V_{D'D}$				$V_H = \dfrac{V_1 - V_2 + V_3 - V_4}{4}$
	V_1/mV	V_2/mV	V_3/mV	V_4/mV	/mV
	$+B, +I_H$	$+B, -I_H$	$-B, -I_H$	$-B, +I_H$	
0.100					
0.200					
0.300					
0.400					
0.500					

在坐标纸上作 V_H—I_M 曲线,并求电磁铁的磁电参数 k_s。

【预习题】

(1)在什么样的条件下会产生霍尔电压,它的方向与哪些因素有关?

(2)根据霍尔系数与载流子浓度的关系,试回答金属为何不宜做霍尔片?

【课后作业】

(1)实验中在产生霍尔效应的同时,还会产生哪些副效应? 它们与磁感应强度 B 和霍尔电流 I_H 有什么关系? 如何消除副效应的影响?

(2)能否用霍尔元件测量交变磁场?

(3)如何判断半导体霍尔片是 P 型还是 N 型?

【仪器简介】

HZS-Ⅱ型霍尔效应综合实验仪,仪器由实验仪和测试仪两部分组成。实验仪由电磁铁、霍尔元件、三个双刀换向开关组成。测试仪有两路直流稳流源,可分别为电磁铁供给励磁电流 I_M 和为霍尔元件提供霍尔电流 I_H,高精度数字电压表测量霍尔电压 V_H,高精度数字电流表显示励磁电流 I_M(求霍尔电流 I_H)。

1. 实验仪

如图 3-72 所示,实验仪由电磁铁、霍尔元件和换向开关等组成。

(1)电磁铁。铁芯采用冷轧钢制成,线圈用漆包线多层密绕,层间绝缘。

(2)霍尔元件。霍尔元件粘贴在绝缘衬板上,绝缘衬板安装在二维移动尺上。

（3）换向开关。三个双刀换向开关，向上闭合为规定的正方向，向下为负方向。

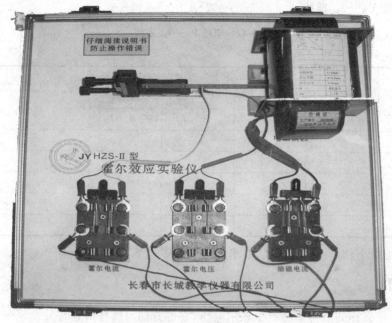

图 3-72　实验仪

2. 测试仪

如图 3-73 所示，控制面板上有与实验仪连接的接线插孔，霍尔电压和霍尔电流/励磁电流显示窗口，霍尔电流和励磁电流大小调节旋钮等。

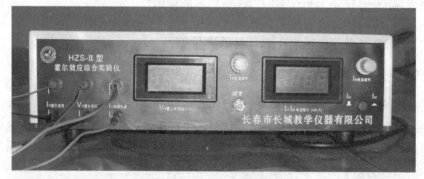

图 3-73　测试仪

（1）励磁电流和霍尔电流。励磁电流 I_M 输出 $0\sim1.000\,\mathrm{A}$，霍尔电流 I_H 输出 $0\sim10.0\,\mathrm{mA}$，两组电源彼此独立。两路输出电流大小可通过各自的调节旋钮进行调节,并用两块高精度的直流数字电流表显示。毫安表量程为 0~19.99 mA;安培表量程为 0~1.999 A。

(2)霍尔电压。霍尔电压由一块高精度的 0~19.99 mV 直流数字电压表进行测量。当显示器的数字前显示"—"号时,表示被测电压极性为负;当数字电压表未接被测信号时,显示器显示的数字为随机状态。

3. 霍尔效应测试仪使用方法

(1)连接线路。将实验仪上的"霍尔电流""霍尔电压""励磁电流"接线柱分别与测试仪面板上相对应的插孔连接。

注意:不可将 I_M 错接到 I_H 输入端或 V_H 输出端,否则,一旦通电,霍尔片即遭损坏。

(2)电流调零。仪器开机前,应将励磁电流和霍尔电流的调节旋钮逆时针方向旋到底,使其输出电流趋于最小状态,然后开机。

(3)仪器预热。仪器接通电源后,预热 3 min,方可进行实验。

(4)实验。通过 ▓▓▓(按钮)的按下和弹出选择电流指示窗口显示的内容。霍尔电流和励磁电流的调节旋钮分别控制霍尔元件的霍尔电流和电磁铁线圈的励磁电流的大小。仪器调好后,进行相关实验内容。

(5)关机。关机前,应将霍尔电流和励磁电流的调节旋钮逆时针方向旋到底,然后切断电源。

实验 14　阿贝折射仪的原理和应用

阿贝折射仪是基于光学全反射原理设计的,根据透射光(光线掠入射)和反射光 (全反射)方法,通过测量光线出射角来直接读出物质折射率的仪器。它能快速而准确 地测出透明、半透明液体或者固体材料的折射率 n_D (测量范围一般为 1.300~1.700), 进而可以获得材料的平均色散 $n_F - n_C$。另外,还可以与恒温、测温装置连用,测定折 射率随温度的变化关系。此外,还能测量蔗糖溶液的含糖浓度。由于阿贝折射仪设有 消色散装置,因此也能测定物质的平均色散。阿贝折射仪的应用范围很广,是石油、油 脂、制药、食品、日用化工及学校与研究单位常用的仪器设备。

【实验目的】

(1)了解阿贝折射仪的原理,学会阿贝折射仪的调整和使用方法。

(2)掌握使用阿贝折射仪测定物质折射率的方法,测定纯净水和酒精的折射率及 平均色散。

(3)通过对糖溶液折射率的测定,确定其浓度。

【实验仪器】

阿贝折射仪、待测液体(纯净水、酒精、不同浓度糖溶液)若干、擦镜纸、滴管。

【实验原理】

1. 阿贝折射仪测量原理

若待测物为透明液体,一般采用透射光掠入射法来测量其折射率 n_D。

阿贝折射仪中的阿贝棱镜组由进光棱镜和折光棱镜组成,如图 3-74 所示,一个是 进光棱镜 M_1,另一个是折光棱镜 M_2;$A'B'$ 即进光棱镜 M_1 弦面,该面为磨砂面,其作 用是形成均匀的扩展面光源,扩展光源发出的单色光沿不同方向(如光线 1,2,3 等)从 折射率为 n_D 的待测物质入射到棱镜 M_2 的 AB 折射面上。设折光棱镜的折射率为 N,当 $n_D < N$ 时,入射角 $i = 90°$时的折射角为临界角,这种方向的入射称为**掠入射**(如 图中的"1"光线)。经折光棱镜两次折射后,从 AC 面以 φ 角出射。凡入射角小于 90° 的光线,经棱镜折射后的出射角必大于 φ 角而偏折于"1'"的左侧形成明视场,而"1'" 的另一侧因无光线而形成暗场。当用望远镜对准出射角观察时,在分划板上看到的是 一个半明半暗的视场。显然,明暗视场的分界线就是掠入射光线"1"的出射方向。

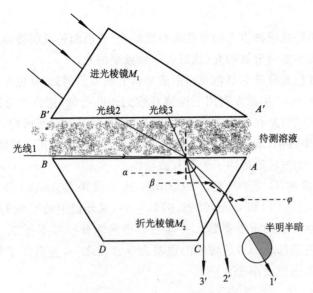

图 3-74　阿贝折射原理图

对于光线 1，由折射定律可知

$$n_{D待测溶液} \sin 90° = N \sin \alpha \tag{3-96}$$

$$N \sin \beta = n_{空气} \sin \varphi \tag{3-97}$$

由图 3-74 可知

$$A = \alpha + \beta \tag{3-98}$$

由式（3-96）和式（3-98）得

$$n_{D待测溶液} = N \sin \alpha = N \sin(A - \beta)$$

$$= N(\sin A \cos \beta - \cos A \sin \beta) \tag{3-99}$$

由式（3-97），并考虑到 $n_{空气} = 1$，可得

$$\sin \beta = \frac{\sin \varphi}{N} \tag{3-100}$$

$$\cos \beta = \sqrt{1 - \left(\frac{\sin \varphi}{N}\right)^2} \tag{3-101}$$

由式（3-99）、式（3-100）和式（3-101）可得

$$n_{D待测溶液} = \sin A \sqrt{N^2 - \sin^2 \varphi} - \cos A \sin \varphi \tag{3-102}$$

由式（3-102）可知，如果折光棱镜 M_2 的折射率 N 和棱角 A 为已知，只需测出 "1" 光线的出射角 φ 就可得到待测液体的折射率 n_D。

阿贝折射仪直接标出了与 φ 所对应的折射率值，测量时只需将明暗分界线与视场中的十字叉丝交点重合，就可直接读出待测液体的折射率。

2. 光的色散

复色光是指由两种或两种以上的单色光组成的光(或由两种或两种以上的频率组成的光);**单色光**是指不能再分解的光(或只有一种频率的光)。

光的色散是指复色光分解为单色光而形成光谱的现象。例如,复色光通过棱镜分解成单色光。牛顿在 1666 年最先利用三棱镜观察到光的色散,把白光分解为彩色光带(光谱)。色散现象说明光在媒质中的速度(或折射率)随光的频率而变,对于可见光来说,红色光的折射率最小,紫色光的折射率最大。光的色散可以用三棱镜、衍射光栅或干涉仪等来实现。光的色散证明了光具有波动性。

光学介质对光谱中 D 光(黄光,589.3 nm,钠光谱中的 D 线)、F 光(青光,486.1 nm,氢光谱中的 F 线)和 C 光(红光,656.3 nm,氢光谱中的 C 线)这三条谱线的折射率大小是光学介质的重要参数。**平均色散**指光学介质对 F 谱线与 C 谱线的折射率之差。平均色散($n_F - n_C$)是物质的重要光学常数之一,能借以了解物质的光学性能、纯度、浓度及色散大小等。

【实验内容及主要步骤】

1. 测定透明液体的折射率

(1)转动锁紧手轮,打开进光棱镜座,用擦镜纸将进光棱镜和折光棱镜擦拭干净,避免因残留有其他物质,而影响测量结果。

(2)用滴管将待测液滴在折光棱镜表面,并将进光棱镜盖上,用锁紧手轮锁紧,要求液层均匀,充满表面,无气泡。

(3)打开遮光板,合上反光镜,适当旋转聚光镜使标尺视场清晰,调节目镜,使十字叉丝在分划板上成像清晰,如图 3-75(a)所示,此时旋转折射率刻度调节手轮,并在分划板上找到明暗分界线的位置。

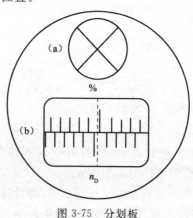

图 3-75 分划板

(4)沿顺时针方向旋转色散调节手轮使分界线不带任何彩色,而呈清晰的黑白分界线,再次微调折射率刻度调节手轮,如图 3-76 所示,使分界线位于十字叉丝交点处,此时图 3-75(b)所示分划板上的 n_D 值即为被测液体的折射率 n_{D1},记下色散调节手轮上的色散刻度值 Z_1。

图 3-76　明暗
分界线

(5)沿逆时针方向转动色散调节手轮,按照第(4)步再次得到被测液体的折射率 n_{D2} 和色散刻度值 Z_2,两次读数取平均,得到 n_{Di} 和 Z_i。

(6)分别测定自来水、酒精的折射率和平均色散各五次,将测得的数据及计算出的结果填入表 3-43 和表 3-44。

(7)根据折射率 $\overline{n_D}$ 和 $\overline{Z}$ 值,查表 3-46 阿贝折射仪色散表,并利用内插法求得 A,B 和 δ 值(当 $Z>30$ 时,δ 值取负值;当 $Z<30$ 时,δ 取正值),按照所求出的 A,B,δ 值代入色散公式 $n_F-n_C=A+B\delta$ 就可求出平均色散值。

2. 测量糖溶液含糖浓度

(1)操作与测量折射率时相同,图 3-75(b)虚线所在处的‰值即为所测糖溶液含糖浓度。

(2)测定糖溶液的折射率和含糖浓度各五次,将测得的数据及计算出的结果填入表 3-45。

【注意事项】

(1)若进光棱镜和折光棱镜表面有灰尘,需用擦镜纸擦干净,否则可能影响测量结果的准确性。

(2)被测试液体中严禁有硬性杂物,以免对棱镜表面造成损坏。

(3)实验中每测完一滴液体,都需要把进光棱镜和折光棱镜擦拭干净。

(4)使用完毕,需要用擦镜纸将进光棱镜和折光棱镜表面擦拭干净,并用防尘罩罩好。

【数据记录与处理】

1. 测定透明液体的折射率

表 3-43　测量自来水的折射率与平均色散数据记录表

测 量 量		次　　数				
		1	2	3	4	5
n_D	n_{D1}					
	n_{D2}					
	n_{Di}					

测 量 量		次 数				
		1	2	3	4	5
Z	Z_1					
	Z_2					
	Z_i					

求水的折射率,通过查表计算水的平均色散。

表 3-44　测量酒精的折射率与平均色散数据记录表

测 量 量		次 数				
		1	2	3	4	5
n_D	n_{D1}					
	n_{D2}					
	n_{Di}					
Z	Z_1					
	Z_2					
	Z_i					

求酒精的折射率,通过查表计算酒精的平均色散。

2. 测量糖溶液含糖浓度

表 3-45　测量糖溶液的折射率和浓度数据记录表

测 量 量		次 数				
		1	2	3	4	5
n_D	n_{D1}					
	n_{D2}					
	n_{Di}					
c	c_1					
	c_2					
	c_i					

求蔗糖的折射率和浓度。

【预习题】

(1)进光棱镜的工作面为什么要磨砂?

（2）试分析目镜视场中观察到的明暗分界线是如何形成的。

【课后作业】

（1）能否用阿贝折射仪来测折射率大于折光棱镜折射率的液体？为什么？请附图说明。

（2）用阿贝折射仪测量固体折射率的原理是什么？

【仪器简介】

阿贝折射仪由望远镜系统和读数系统两部分组成，外观如图 3-77 所示。

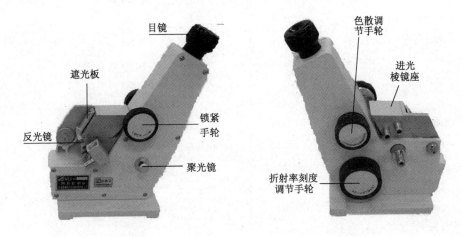

图 3-77　阿贝折射仪外观图

进光棱镜与折光棱镜之间有一微小均匀的间隙，被测液体就放在此间隙中。打开遮光板，光线（日光或者灯光）射入进光棱镜时，在其下方的磨砂面上产生漫折射，使被测液体层内有各种不同角度的入射光，经过折光棱镜产生一束折射角均大于临界角 φ（入射角为 90° 的 1 光线出射时的折射角）的光。

除棱镜、目镜和聚光镜外，全部光学组件和主要结构都封装于仪器内部。内部光学组件由反射镜、消色散棱镜组、望远镜、读数物镜、平行棱镜、刻度板和分划板等组成。其中，消色散棱镜组为等色散阿米西棱镜组成，棱镜组的角度由色散调节手轮控制；刻度板示数值由折射率刻度调节手轮控制，刻度板的亮度由聚光镜调节。

附:阿贝折射仪色散表(见表 3-46)

平均色散计算公式: $n_F - n_C = A + B\delta$

(当 $Z > 30$ 时, δ 取负值;当 $Z < 30$ 时, δ 取正值)

表 3-46　阿贝折射仪色散表

n_D	A	B	Z	δ	Z
1.300	0.024 94	0.033 40	0	1.000	60
1.310	0.024 88	0.033 27	1	0.999	59
1.320	0.024 83	0.033 11	2	0.995	58
1.330	0.024 78	0.032 95	3	0.988	57
1.340	0.024 73	0.032 76	4	0.978	56
1.350	0.024 69	0.032 56	5	0.966	55
1.360	0.024 64	0.032 35	6	0.951	54
1.370	0.024 60	0.032 12	7	0.934	53
1.380	0.024 56	0.031 87	8	0.914	52
1.390	0.024 52	0.031 61	9	0.891	51
1.400	0.024 48	0.031 33	10	0.866	50
1.410	0.024 45	0.031 04	11	0.839	49
1.420	0.024 41	0.030 73	12	0.809	48
1.430	0.024 38	0.030 40	13	0.777	47
1.440	0.024 35	0.030 06	14	0.743	46
1.450	0.024 32	0.029 70	15	0.707	45
1.460	0.024 29	0.029 32	16	0.699	44
1.470	0.024 27	0.028 92	17	0.629	43
1.480	0.024 25	0.028 51	18	0.588	42
1.490	0.024 23	0.028 08	19	0.545	41
1.500	0.024 21	0.027 62	20	0.500	40
1.510	0.024 20	0.027 15	21	0.454	39
1.520	0.024 19	0.026 65	22	0.407	38
1.530	0.024 18	0.026 14	23	0.358	37
1.540	0.024 18	0.025 60	24	0.309	36
1.550	0.024 18	0.025 04	25	0.259	35
1.560	0.024 18	0.024 45	26	0.208	34

n_D	A	B	Z	δ	Z
1.570	0.024 18	0.023 84	27	0.156	33
1.580	0.024 19	0.023 20	28	0.104	32
1.590	0.024 21	0.022 53	29	0.052	31
1.600	0.024 23	0.021 83	30	0.000	30
1.610	0.024 25	0.021 10			
1.620	0.024 28	0.020 33			
1.630	0.024 32	0.019 53			
1.640	0.024 37	0.018 68			
1.650	0.024 42	0.017 79			
1.660	0.024 48	0.016 84			
1.670	0.024 56	0.015 84			
1.680	0.024 65	0.014 77			
1.690	0.024 75	0.013 63			
1.700	0.024 88	0.012 39			

实验 15　牛　顿　环

牛顿为了研究薄膜颜色,曾经仔细研究过由凸透镜和平面玻璃组成的实验装置,即牛顿环,并获得了极大的成功。19 世纪初,托马斯·杨用光的干涉原理解释了牛顿环,并参考牛顿的测量,计算了不同颜色光对应的波长和频率。劈尖和牛顿环都是用分振幅方法产生的干涉,是等厚干涉中两个典型的干涉现象,其原理在科研和工业生产技术上有广泛的应用。它们可用于检测透镜的曲率及研磨质量;精确的测量微小长度、厚度和角度;检验物体表面的粗糙程度和平整度等。

【实验目的】

(1)观察等厚干涉现象,了解其特点。

(2)理解牛顿环的干涉原理。

(3)掌握用牛顿环测量透镜曲率半径的方法。

【实验仪器】

牛顿环,读数显微镜,钠光灯,计算器。

【实验原理】

1. 牛顿环产生原理

如图 3-78 所示,将一块曲率半径较大的平凸玻璃透镜凸面向下置于一平面玻璃上,即组成一个牛顿环。透镜凸面和平面玻璃上表面之间形成一空气间隙。在以接触点 O 为中心的任一圆周上的各点空气间隙的厚度相同。当用波长为 λ 的单色光垂直入射时,经空气间隙上下表面反射的两束光将发生干涉,其干涉条纹是以 O 为圆心的明暗相间的同心圆环,如图 3-79 所示,此环即称为牛顿环。

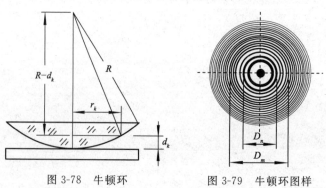

图 3-78　牛顿环　　　　　　　图 3-79　牛顿环图样

2. 曲率半径的测量

设凸透镜的曲率半径为 R，以接触点 O 为圆心、r_k 为半径的圆周上一点所对应的空气间隙厚度为 d_k。根据干涉条件，在此圆周上形成暗纹的条件为两束相干光光程差 δ 满足

$$\delta = 2d_k + \frac{1}{2}\lambda = (2k+1)\frac{\lambda}{2} \qquad k = (0,1,2,3,\cdots) \tag{3-103}$$

$$R^2 = (R - d_k)^2 + r_k^2 = R^2 - 2Rd_k + d_k^2 + r_k^2 \tag{3-104}$$

因 $R \gg d_k$，故可略去 d_k^2 项，从而有

$$d_k = \frac{r_k^2}{2R} \tag{3-105}$$

由式(3-103)和式(3-105)可得

$$R = \frac{r_k^2}{k\lambda} \tag{3-106}$$

式中，k 为暗环的级数；λ 为入射光的波长。

可见在入射光波长 λ 已知的情况下，只要能测得第 k 级暗纹的半径 r_k，就可以确定透镜的曲率半径 R。

但是，在实际测量中，由于两接触面之间容易附着尘埃，并且接触时难免发生弹性形变，因此接触处不是一个几何点，而是一个面。这样，在靠近中心处的环纹会比较模糊，以致难于确切判定条纹级数 k 和精确测定半径 r_k，所以无法直接按照式(3-106)进行测量。为此，可采用测量离中心较远但比较清晰的两个暗环的直径的方法。设测得第 m 级和第 n 级暗环的直径分别为 D_m 和 D_n，如图 3-79 所示，由式(3-106)可得

$$R = \frac{D_m^2 - D_n^2}{4(m-n)\lambda} \tag{3-107}$$

上式就是本实验的测量公式。同时不难证明，牛顿环直径的平方差等于其弦的平方差，因此测量时即使不能准确确定牛顿环的中心，也不会影响测量结果。

【实验内容及主要步骤】

实验测量装置如图 3-80 所示，由读数显微镜(带 45° 反射镜)、钠光灯及其灯源和牛顿环组成。

(1)借助室内灯光，用肉眼直接观察牛顿环，调节牛顿环装置上的三个调节螺钉，使牛顿环圆心位于透镜中心。调节螺钉松紧要适度，既要保持稳定，又不能过紧使透镜变形(两玻璃面自然接触)。

(2)将显微镜镜筒调到读数标尺中央，并使钠光灯的某个带毛玻璃片的窗口正对读数显微镜的 45° 反射镜。将牛顿环放在载物台上，并使牛顿环的中心与 45° 反射镜的中心大致重合。

(3)调节显微镜目镜,使十字叉丝清晰。对显微镜进行调焦,直至能看到清楚的牛顿环并使叉丝与环纹间无视差(注意:调焦时,先将镜筒调至最低,然后将镜筒由下向上缓慢升高,以免碰伤物镜或牛顿环)。移动牛顿环使叉丝对准牛顿环图样的中心。

(4)定性观察待测圆环是否均在显微镜读数范围之内并且清晰。

(5)定量测量:由于环中心有变形,应选择 10 级以上的条纹进行测量。实验中取 $m-n=25,m$ 取 $50\sim41,n$ 取 $25\sim16$,然后用逐差法处理数据,求出曲率半径 R,并给出完整的实验结果。测量时应注意避免螺旋空程引入的误差,这要求在整个测量过程中,显微镜筒只能朝一个方向移动,不允许来回移动。特别是在测量第 50 级条纹时,应使叉丝先越过 50 级条纹然后返回第 50 级开始读数并依次沿同一方向测完全部数据,将数据记入表 3-47。

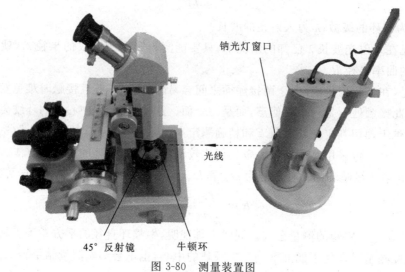

图 3-80　测量装置图

【注意事项】

(1)钠光灯在工作时,不要随便移动,以免震坏灯丝。

(2)牛顿环上的调节螺钉不可拧太紧,以免破坏牛顿环。

(3)测量时,应尽量使叉丝对准条纹宽度的中心读数。

(4)由于读数显微镜读数装置是螺纹结构,为了消除"空程差",测量时,鼓轮只能朝一个方向转动,中途不可返回读数。

(5)牛顿环左右圈数要数清楚,对称的环圈数不可数错。

【数据记录与处理】

表 3-47　数据记录与处理($m-n=25,\lambda=589.3\,\text{nm}$)

级数 m	50	49	48	47	46	45	44	43	42	41
左位置/mm										
右位置/mm										
D_m/mm										
D_m^2/mm²										
级数 n	25	24	23	22	21	20	19	18	17	16
左位置/mm										
右位置/mm										
D_n/mm										
D_n^2/mm²										
$D_m^2-D_n^2$ /mm²										
$\overline{D_m^2-D_n^2}$/mm²										

求透镜曲率半径,并计算其不确定度。

【预习题】

(1)本实验为什么不直接采用 $R=r_k^2/k\lambda$ 作为透镜曲率半径的测量公式?

(2)空程差是如何产生的?如何消除?

【课后作业】

(1)为什么观察反射光看到的牛顿环图样中心是暗斑?如果观察透射光,牛顿环图样中心是暗斑还是亮斑?为什么?

(2)如果凸透镜和平面玻璃没有接触,两者间存在 a 的空气厚度,试证明计算平凸透镜曲率半径 R 的公式仍为 $R=\dfrac{D_m^2-D_n^2}{4(m-n)\lambda}$。

【仪器简介】

图 3-81 所示为牛顿环装置,由读数显微镜(带 45°反射镜)、钠光灯及其灯源和牛顿环组成。

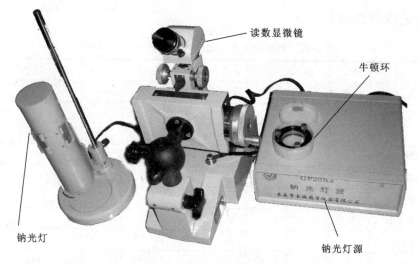

图 3-81　牛顿环装置

1. 读数显微镜

读数显微镜的使用方法见实验 1 固体密度测量【仪器简介】。

2. 钠光灯

钠光灯能辐射波长分别为 589.0 nm 和 589.6 nm 两条很接近的黄色强谱线,是实验室常用的近似单色光源。工作原理类似低压汞灯。玻璃泡用抗钠玻璃制成,里面充有金属钠和惰性气体(如氖气)。钠光灯源通电后,钠光灯先是氖气放电呈现红色,待钠受热蒸发产生低压钠蒸气后,钠蒸气即取代氖气放电,几分钟后就发出稳定的黄光。

3. 牛顿环

将一块曲率半径较大的平凸玻璃透镜凸面向下置于一平面玻璃上,即组成一个牛顿环。透镜凸面和平面玻璃上表面之间形成一空气间隙,在以接触点 O 为中心的任一圆周上的各点空气间隙的厚度相同。当用波长为 λ 的单色光垂直入射时,经空气间隙上下表面反射的两束光将发生干涉,其干涉条纹是以 O 为圆心的明暗相间的同心圆环。

实验 16　迈克尔逊干涉仪的调节和使用

迈克尔逊干涉仪是一种利用分振幅的方法实现干涉现象的物理光学仪器,最初是在 1883 年由美国物理学家迈克尔逊(Michelson,1852－1931)与其合作者莫雷(Morley,1838－1923),为研究地球相对"以太"的运动而设计制造的精密光学仪器。它可以精密地测定微小长度、光的波长、透明体的折射率等,也可用它来研究温度、压力对光传播的影响等。

利用迈克尔逊干涉仪的原理,后人还研究出了多种专用干涉仪,这些仪器在近代物理和计量技术中被广泛应用。

【实验目的】

(1)了解迈克尔逊干涉仪的光学结构及干涉原理,掌握其调节和使用方法。

(2)观察干涉条纹,了解点光源的等倾干涉的形成条件、条纹特点,加深对干涉理论的理解。

(3)学习用迈克尔逊干涉仪测量单色光波长及钠光双线的波长差。

【实验仪器】

迈克尔逊干涉仪,多光束扩束激光器,钠光灯,墨镜。

【实验原理】

1. 产生干涉的等效光路

迈克尔逊干涉仪的基本光路如图 3-82 所示。光从光源 S 射出,照到分束镜 G_1 上,在半反半透膜 A 上被分成光强度近似相等的相互垂直的两束光,透射光(1)透过补偿板 G_2 射到反射镜 M_1,经 M_1 反射逆着入射方向返回,透过 G_2、在 G_1 的半反半透膜上反射后射向 E;反射光(2)射到反射镜 M_2,经 M_2 反射后逆着入射方向返回,透过 G_1 射向 E,两光束在 E 方向汇合。(1)、(2)两光束是相干光。G_2 补偿了透射光(1)在分束镜中少走的光程,使得(1)、(2)两束光在玻璃中的光

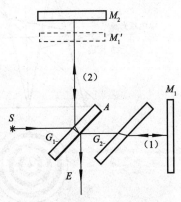

图 3-82　迈克尔逊干涉仪光路图

程相等,所以计算这两束光的光程差时,只需计算在空气中的光程差。当观察者从 E 处向 G_1 看去时,除直接看到 M_2 外,还看到 M_1 的像 M_1',于是(1)、(2)两束光如同从 M_2 与 M_1' 反射而来,因此迈克尔逊干涉仪中所产生的干涉图样和 $M_1' \sim M_2$ 间的空气薄膜的干涉等效。以后的讨论,通常都以 M_1' 代替 M_1 进行分析。

2. 单色点光源的等倾干涉条纹

用 He-Ne 激光做光源,使激光束通过扩束镜会聚后发散,此时就得到一个相干性很好的点光源。He-Ne 激光光源发出的球面波先被分束镜 G 分光,然后射向两个全反射镜,经 M_1',M_2 反射后,在人眼观察方向就得到两个相干的球面波,它们如同是由位于 M_2 后的两个虚点光源 S_1',S_2' 产生的,如图 3-83 所示。由两虚点光源产生的两列球面波,在它们相遇的空间处,都能进行干涉,因干涉条纹不定域,故称**非定域干涉**。非定域干涉的图样,随观察屏的不同方向和位置而异。如果 M_2 与 M_1' 严格平行,且把观察屏放在垂直于 S_1' 和 S_2' 的连线上,就能看到一组明暗相间的同心圆环,其圆心位于 $S_1'S_2'$ 轴线与屏的交点 P_0 处。

等倾干涉的光程差分析如图 3-84 所示,入射角为 θ 的光线经 M_1',M_2 的反射称为光线 1 和 2,此二光线相互平行,在空气中光程差为

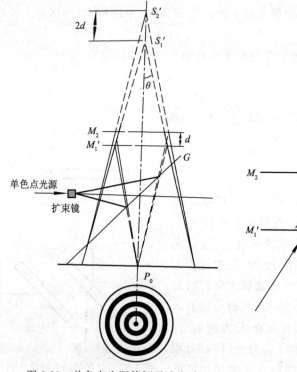

图 3-83   单色点光源等倾干涉光路

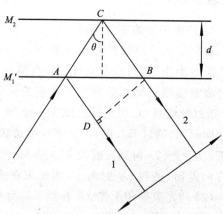

图 3-84   等倾干涉光程差分析图

$$\delta = \overline{AC} + \overline{BC} - \overline{AD} = 2\,\overline{AC} - \overline{AD} = 2\,\frac{d}{\cos\theta} - \overline{AB} \cdot \sin\theta$$

(3-108)

$$= 2\,\frac{d}{\cos\theta} - 2d\tan\theta \cdot \sin\theta = 2d\cos\theta$$

可见，在 d 一定时，光程差只取决于入射角 θ。在面光源上每一点所发出的光束中，入射角相同的光线经 M_1'，M_2 反射光程差相等，其反射光线相互平行，用薄透镜聚焦后可在透镜的焦平面上产生干涉，形成同一级条纹，所以称为**等倾干涉**。

形成明纹的条件为

$$\delta = 2d\cos\theta = k\lambda$$

(3-109)

形成暗纹的条件为

$$\delta = 2d\cos\theta = (2k-1)\frac{\lambda}{2}$$

(3-110)

式中，$k=1,2,3\cdots$ 称为干涉级次。

下面对干涉条纹进行讨论：

（1）由式(3-108)可知，$\theta=0$ 时光程差最大，即圆心 P_0 处干涉环级次最高，越向边缘级次越低。当移动 M_2 使 d 增加时，则与 k 相应的干涉环的 θ 变大，条纹沿半径向外移动，可看到干涉环从中心"冒出"；反之当 d 减小时，干涉环向中心"收缩"进去。由干涉条件式(3-109)或式(3-110)可知，若移动 M_2，改变 d，环心处条纹的级次相应改变，当 d 每改变 $\frac{\lambda}{2}$ 距离，环心就"冒出"或"缩进"一条环纹。若 M_2 移动距离为 Δd，相应冒出或缩进的干涉环条纹数为 N，则有

$$\Delta d = N\frac{\lambda}{2}$$

(3-111)

实验中只要读出 M_2 移动的距离 Δd，并数出中心"冒出"或"缩进"的条纹的数目 N，利用公式(3-111)就能测出光源波长 λ。

（2）由明或暗纹条件可推知，相邻两条纹的角间距为

$$\Delta\theta = \frac{\lambda}{2d\sin\theta} \approx \frac{\lambda}{2d\theta}$$

(3-112)

当 d 增大时 $\Delta\theta$ 变小，条纹变细变密；当 d 减小时 $\Delta\theta$ 增大，条纹变粗变疏，所以干涉条纹离环心近处条纹粗而疏，离环心远处条纹细而密。当 M_2 距 M_1' 较远时，条纹较密；当 M_2 靠近 M_1' 时，条纹缩进中心且越来越疏；当 M_2 与 M_1' 重合时，中心斑扩大到整个视场；若继续推进 M_2，它就穿过 M_1'，将会看到条纹不断从中心"冒出"，且条纹逐渐变密如图 3-85 所示。

等倾干涉的条纹是一组以透镜光轴为圆心的明暗相间的圆环，圆心处的条纹级次最高。用望远镜或用眼睛对着 G_1 方向可观察到这组干涉条纹。当 d 增加时，条纹从

中心"冒出",且逐渐变密;反之当 d 减小时,条纹向中心"收缩",且逐渐变疏;当 $d=0$ 时,中心斑扩大到整个视场。

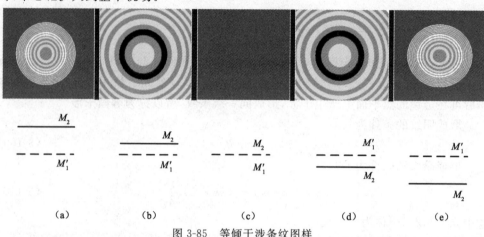

（a）　　　　　　（b）　　　　　　（c）　　　　　　（d）　　　　　　（e）

图 3-85　等倾干涉条纹图样

3. 单色点光源的等厚干涉条纹

等厚干涉的光路如图 3-86 所示,当 M_2 与 M_1' 有微小夹角时,M_2 与 M_1' 之间形成楔形空气层,光源 S 发出不同方向的光线 1,2 经 M_2,M_1' 反射后在镜面附近相交,产生干涉。把眼睛聚焦在 M_2 附近可以观察到干涉条纹(定域在 M_2 附近)。当夹角很小时,光线 1,2 的光程差近似等于

$$\delta = 2d\cos\theta \tag{3-113}$$

式中,d 为 B 处空气层的厚度,θ 为入射角。

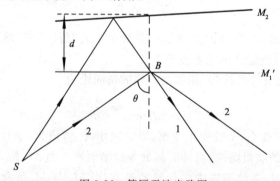

图 3-86　等厚干涉光路图

在 M_2,M_1' 的交线处有 $d=0$,$\delta=0$,形成中央亮纹。当入射角很小时,$\theta=0$,即接近垂直入射时,$\delta=2d$。故在中央条纹附近,等厚处(d 相同)产生的干涉条纹是与中央条纹平行的直线,称为**等厚干涉**。距中央条纹较远处,随着 θ 的增大,干涉条纹逐渐发

生弯曲(两侧向外弯曲),如图 3-87 所示。

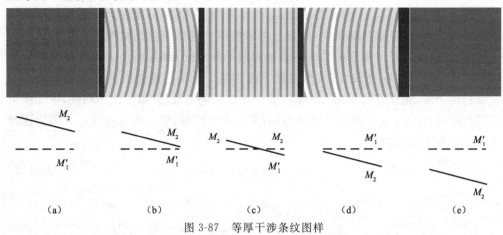

图 3-87　等厚干涉条纹图样

由此可见,等厚条纹是 $\theta = 0$ 即接近垂直入射时,在 M_2 附近产生的直线干涉条纹,可用肉眼直接观察。

4. 钠光 D 双线波长差的测定(选做)

干涉条纹的清晰度称为**反衬度**,定义为

$$V = \frac{I_{\max} - I_{\min}}{I_{\max} + I_{\min}} \tag{3-114}$$

式中,$I_{\max}$ 是亮条纹的光强极大值;$I_{\min}$ 是暗条纹的光强极小值。

当观察单色面光源的等倾干涉圆条纹时,随着 M_2 镜不断移动,虽然视场中心条纹不断"冒出"或"缩进",但反衬度不变。若迈克尔逊干涉仪的分束镜所分的两相干光束强度相等,则恒有 $V = 1$。所有的单色光都有一定的谱线宽度,即使看来是单色光,实际上也是由彼此十分接近的双线或多重线组成的,如钠黄光(称为 D 线)是由波长 $\lambda_1 = 589.6$ nm 和 $\lambda_2 = 589.0$ nm 两条谱线组成的。光源的非单色性将使不同颜色的干涉条纹重叠,引起反衬度下降。

当采用钠光灯源时,所看到的干涉条纹实际上是由波长为 λ_1,λ_2 的两种光分别形成的两套圆形条纹的叠加。移动 M_2 改变 d,当分束镜所分两光束的光程差恰为 λ_1 的整数倍而同时又为 λ_2 的半整数倍,即

$$\delta = k_1 \lambda_1 = (k_2 + 1/2)\lambda_2 \tag{3-115}$$

此时,λ_1 形成亮环的地方,恰为 λ_2 形成暗环的地方,即 λ_1 的亮纹与 λ_2 的暗纹重合。若两种光的光强相等,则由式(3-114)知,这些地方的反衬度为零,此时视场中看不到干涉条纹;继续移动 M_2,λ_1 的亮环与 λ_2 的暗环渐渐错开,反衬度增加;当两光束的光程差恰为 λ_1 的整数倍又同时为 λ_2 的整数倍时,即

$$\delta = k_1\lambda_1 = k_2\lambda_2 \tag{3-116}$$

此时,λ_1 的亮纹与 λ_2 的亮纹重合,虽然波长为 λ_1 和 λ_2 的光在同一点所形成的干涉条纹级次不同,但都是明条纹,故叠加结果使得视场中条纹反衬度最高 $V=1$,干涉条纹最清晰,实验者能看到明显的明暗相间的干涉条纹;继续移动 M_2,反衬度开始下降;当 λ_1 的暗纹与 λ_2 亮纹重合,反衬度下降到零。从某一反衬度为零到相邻的下一次反衬度为零,光程差的变化 $\Delta\delta$ 对 λ_1 是个半波长的奇数倍(第一次为明纹,第二次为暗纹),同时对 λ_2 也是个半波长的奇数倍(第一次为暗纹,第二次为亮纹),又因为这两个奇数是相邻的,故有

$$\Delta\delta = k\frac{\lambda_1}{2} = (k+2)\frac{\lambda_2}{2} \tag{3-117}$$

式中,k 为奇数。

由式(3-117)得

$$\frac{\lambda_1 - \lambda_2}{\lambda_2} = \frac{2}{k} = \frac{\lambda_1}{\Delta\delta}, \qquad \Delta\lambda = \lambda_1 - \lambda_2 = \frac{\lambda_1\lambda_2}{\Delta\delta} \tag{3-118}$$

考虑到 λ_1 与 λ_2 相差很小,故 $\lambda_1\lambda_2 = (\bar{\lambda})^2$;又 $\Delta\delta = 2\Delta d$,故有钠光的双线波长差为

$$\Delta\lambda = \frac{(\bar{\lambda})^2}{2\Delta d} \tag{3-119}$$

由上式可知,只要知道两波长的平均值 $\bar{\lambda}$ 和视场中相继两次反衬度为零 M_2 所移动的距离 Δd,就可求出钠光的双线波长差 $\Delta\lambda$。

【实验内容及主要步骤】

实验前仔细阅读本节实验后的实验仪器情况介绍,熟悉迈克尔逊干涉仪的基本结构和使用方法。

1. 迈克尔逊干涉仪的调节

(1)调节迈克尔逊干涉仪底座下的水平调节螺钉,使干涉仪处于水平状态。

(2)打开 He-Ne 激光光源,取一束较亮的激光光纤,将其固定在调节迈克尔逊干涉仪上的激光支架上,要注意调整好光路,使出射激光光束水平,与分束板 G_1 成 45°。

(3)调节粗调手轮,使 M_2 镜移至读数主尺 30 mm 附近。

(4)放松 M_1,M_2 镜背后的调节螺钉,并将 M_1 镜下端的水平和竖直拉簧螺钉调节至中间位置,留有双向调节余量。

(5)调节 $M_1 \perp M_2$,观察等倾干涉。

首先,取下观察屏、戴上墨镜,直接向 M_2 镜方向看过去,细心调整 M_1,M_2 镜后的调节螺钉,改变反射镜的倾度,使 M_2 镜里两行像点中最亮的两个点完全重合,此时看到光点闪耀跳动,并伴有干涉条纹(不清晰),大致有 $M_1 \perp M_2$,然后装上观察屏便可看

到干涉条纹即点光源的等倾干涉条纹,缓慢、细心地调节 M_1 镜下端的两个拉簧螺钉,使干涉条纹呈圆形且圆心大致在视场中心,基本上 $M_1 \perp M_2$,最后轻而缓慢地旋转粗调手轮,移动 M_2 镜,观察干涉条纹的变化,根据干涉条纹的"冒出""缩进"判断 M_1',M_2 间距离 d 的变化情况。

2. 测量氦-氖激光的波长

(1)微调手轮的零点调节(必须调节)。转动微调手轮时,粗调手轮随着转动,但转动粗调手轮时,微调手轮并不随着转动,因此在读数前应先调整零点:将微调手轮沿某一方向(如顺时针方向)旋转至零,然后以相同方向转动粗调手轮,使粗调手轮读数线对准读数窗口中的某一整数刻度。(注意:任何时候转动粗调手轮之后,都要重新对微调手轮调零。)

(2)消除空程误差。在调整好零点之后,开始读数测量之前,必须按原方向旋转微调手轮,同时观察干涉条纹。如果干涉条纹不随旋转操作而移动,说明存在空程,这时需要继续旋转微调手轮,直至观察到干涉条纹和旋转操作同步变化。

(3)测量。开始时记下 M_2 镜的位置(d_0);缓慢而均匀地旋转微调手轮,观察并数出从干涉圆纹中心"冒出"(或"缩进")的条纹数,"冒出"(或"缩进")20 个条纹后再次记录 M_2 镜的位置(d_{20});此后,每"冒出"(或"缩进")20 个条纹记一次 M_2 的位置(d_{40},d_{60},…,d_{180}),到 d_{180} 止,将记录的数据填入表 3-48。

3. 测量钠黄光 D 双线的波长差(选做)

(1)在上面实验的基础上,移动 M_2,使 $d \approx 0$。(如何判断?)

(2)取掉激光光源,换上带毛玻璃片钠光灯,使光束经毛玻璃漫散射后成为均匀的扩展面光源照亮分束板 G_1。在 E 处用眼睛向着 G_1 观察,将看到圆形等倾干涉条纹。

(3)缓慢地旋转粗调手轮移动 M_2,找到条纹反衬度最小的位置,记下 M_2 的位置 d_1。

(4)继续移动 M_2 镜,反衬度增加,经过最大又逐渐减少到最小,记下此时 M_2 的位置 d_2。

(5)按照步骤(4),再重复测量四组数据,将测得的数据填入表 3-49。

【注意事项】

(1)迈克尔逊干涉仪是非常精密、贵重的光学仪器,实验前必须认真阅读仪器介绍及注意事项,弄清楚仪器的使用方法才可动手操作仪器,尤其在调整反射镜时,须轻柔操作,不能把调节螺钉拧得过紧或过松。

(2)干涉仪中的光学玻璃器件的表面绝对不能沾污或用手触摸,也不要自己用擦镜纸擦拭。

(3)若操作中发现运转不灵活,应立即停止操作,检查原因,严禁强行操作,以免损坏仪器。

(4)为使测量结果准确,操作必须细心、耐心。粗调手轮和微调手轮的转动要缓慢、均匀,以免引起较大的偶然误差,更不能引起空程误差,粗调手轮和微调手轮的读数要协调一致。

(5)激光束亮度很高,不可用眼睛直接观察未经漫散射或扩束的细窄激光束,以免损伤眼睛。

(6)实验完毕,必须放松 M_1,M_2 背后的调节螺钉,以免镜面变形。

【数据记录与处理】

1. 测量氦-氖激光的波长

表 3-48　激光波长测量记录表　　　　　　单位:mm

	d_0	d_{20}	d_{40}	d_{60}	d_{80}
M_2 镜位置					
	d_{100}	d_{120}	d_{140}	d_{160}	d_{180}
$\Delta d = d_{i+100} - d_i$	$d_{100} - d_0$	$d_{120} - d_{20}$	$d_{140} - d_{40}$	$d_{160} - d_{60}$	$d_{180} - d_{80}$

求激光波长,并计算其不确定度。

2. 测量钠黄光 D 双线的波长差(选做)

表 3-49　钠黄光 D 双线波长差测量记录表　　　　　　单位:mm

	d_1	d_2	d_3	d_4	d_5	d_6
M_2 镜位置						

求钠黄光 D 双线波长差。

【预习题】

(1)等倾干涉图样有什么特点?

(2)迈克尔逊干涉仪中的 G_1 和 G_2 各起什么作用?

【课后作业】

(1)在观察面光源的等倾干涉中,眼睛左右移动看到条纹"冒出"或"缩进",这说明 M_1',M_2 镜成什么关系?

　　(2)若换成白光光源,能否看到等倾干涉条纹? 白光等倾条纹的特点是什么?

【仪器简介】

　　迈克尔逊干涉仪是根据分振幅干涉原理制成的精密光学实验仪器,其结构如图 3-88 所示。

图 3-88　迈克尔逊干涉仪结构图

1—导轨;2—底座;3—水平调节螺钉;4—螺母;5—粗调手轮;6—读数窗口;7—微调手轮;

8—刻度轮;9—移动拖板;10—平面反射镜 M_1;11—分束镜;12—补偿镜;

13—角度微调拉簧螺钉;14—微调螺钉;15—平面反射镜 M_2;16—观察屏

1. 迈克尔逊干涉仪结构

　　底座(2)下面有三个水平调节螺钉(3),用以调节仪器的水平,螺母(4)为锁定装置。

　　M_1(10)和 M_2(15)是在相互垂直的两臂上放置的两个平面反射镜,其背面各有三个微调螺钉(14),用来调节镜面的方位,M_1 镜水平和垂直的拉簧螺钉(13)用于镜面的微调;M_1 是固定的,M_2 装在拖板上,转动粗调手轮(5)或微调手轮(7),通过精密丝杆可以带动拖板沿导轨(1)前后移动。

　　在两臂轴相交处,有一与两臂轴各成 45°的平行平面玻璃板 G_1(11),且在 G_1 的第二平面上涂有半反射半透射金属膜,从扩展光源射来的光,到达 G_1 后被分成振幅近乎相等的反射光和透射光,故 G_1 又称分束镜;G_2(12)也是一平行平面玻璃板,与 G_1

平行放置,厚度和折射率均与 G_1 相同。反射光在 G_1 处反射后向着 M_2 前进;透射光透过 G_1 后向着 M_1 前进,这两列光波分别在 M_1,M_2 上反射后逆着各自的入射方向返回,最后都到达相同区域,在此处的观察者可用观察屏(16)观测干涉图样。G_2 补偿了透射光在分束镜中少走的光程,使两臂上任何波长的光都有相同的光程差,于是白光也能产生干涉,故 G_2 称为补偿板。

2. 迈克尔逊干涉仪读数方法

M_2 镜的位置或移动的距离可从主尺、读数窗及微调手轮上读出。主尺附在导轨侧面,最小分度为 1 mm;从读数窗口(6)可看到一个 100 等分的圆盘标尺,其转动 1 小格为主尺的 1/100,相当于主尺移动 0.01 mm;微调手轮(7)的刻度轮(8)也为 100 分格,其移动 1 小分格为圆盘标尺的 1/100,相当于主尺移动 0.000 1 mm,整个读数的估读值为 0.000 01 mm。因此,若 m 是主尺读数(mm),L 是粗调手轮(5)对应的读数窗口的小格数(整格数),N 是微调手轮(7)小格数(含估读位的格数),则 M_2 镜位置读数 d 为

$$d = m + L\,\frac{1}{100} + N\,\frac{1}{10\,000}\,(\text{mm}) \tag{3-120}$$

如图 3-89 所示,$m = 31, L = 49, N = 40.5$。

由式(3-120)可知正确的读数(估读一位)为 31.494 05 mm。

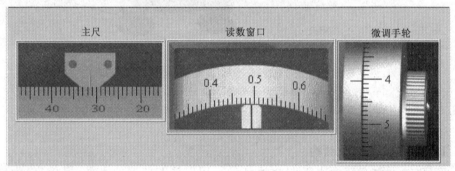

图 3-89　读数示例

实验 17　全 息 照 相

全息照相的原理于 1948 年由英国科学家丹尼斯·伽伯(Dennis Gabor)提出,在 1960 年激光问世后,由于有了大功率、单色性和相干性十分好的光源,使得全息照相技术的研究和应用有了迅速的发展。

全息照相与传统的照相技术相比记录的信息更全面,既有强度信息,也有相位和波长信息。它以波动光学为基础,利用光的干涉原理,在全息干版上形成干涉条纹(即全息图)。全息图记录了物体光波特性的振幅和相位,但是在全息图上并不能看到物体的像。为了看到物体的像,还需要用参考光波照射全息图。由于全息图上干涉条纹的衍射作用,能再现出与原始物体光波相同的光波,这时透过全息图就可以看到原来物体的像。因此,一般称全息照相为"两步成像技术"。

全息照相技术广泛应用于摄影艺术、精密测量、无损检测、信息处理、夜视技术、全息防伪商标、遥感图像分析和生物医学等领域。

【实验目的】

(1)了解全息照相基本原理和主要特点。
(2)初步掌握全息照相的拍摄方法和观察再现全息图。

【实验仪器】

全息实验台,He-Ne 激光器,小反射镜两个,扩束镜两个,被拍摄物,载物台,大反射镜一个,全息干版,暗盒,显影液、定影液,电吹风等。

【实验原理】

1. 全息照相拍摄原理

波动光学指出,描述光波的特征量为振幅、相位和波长。对于单色光,它所载有的信息就是振幅和相位。

全息照相利用波动光学光的干涉原理,利用物体的发射或反射的光(物光)与另一个和物光相干的光波(参考光)发生干涉,将干涉条纹记录在全息干版(即感光底片)上,则全息干版上同时记录了物光的振幅和相位信息,即全部信息,简称全息。

全息照相拍摄的光路图如图 3-90 所示。激光束经扩束镜 6 和 7 扩束后,一部分照射到被拍摄物体 9 上,一部分照射到大反射镜 10 上,调节物体 9 和反射镜 10 的位置,可以使得物体和反射镜的反射光都打到拍摄窗口 11 上,如果再将装有全息干版的暗盒 13 放在拍摄窗口 11 处,抽出暗盒挡板,全息干版就会被曝光,并在干版上记录下干涉条纹。干涉条纹的疏密程度反映了参与干涉的物光和参考光在相位上的差别,当参考光相位恒定时,全息干版上各处的干涉条纹和疏密程度实际上就是记载了物光的相位信息;干涉条纹的明暗对比程度则反映了参与干涉的物光和参考光的振幅的差别,同样,当参考光振幅恒定时,全息干版上各处的干涉条纹的明暗程度实际上就记载了物光的振幅信息。由于物光的振幅和相位与被拍摄物表面各点的分布及漫反射性质有关,从被拍摄物上不同物点射来的物光相位和振幅不同,而参考光的相位和振幅是确定的,与被拍摄物无关,因而全息照片与被拍摄物之间便有了一一对应关系。

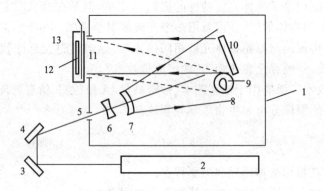

图 3-90　全息照相光路图

1—暗箱;2—激光器;3—小反射镜;4—小反射镜;5—通光小孔;
6—小扩束镜;7—大扩束镜;8—载物台;9—拍摄物;10—大反射镜;
11—拍摄窗口;12—银盐干版;13—暗盒

全息干版曝光后即将干涉图样记录了下来,经过显影、定影处理后就是一张全息照相的"照片"。

2. 全息照相的再现

由于全息干版上记录的并不是物体的直接影像,而是十分复杂的干涉条纹,要想看到被拍摄物的像,必须使全息图能再现被拍摄物原来发出的或者反射的光波,这个过程就是全息像再现。全息像再现光路如图 3-91 所示。

激光器发出的光,即再现光,经过小扩束镜扩束后照射到全息干版上,这时全息图上的干涉条纹相当于一个复杂的光栅,再现光(球面光波)通过时要发生衍射,+1 级衍射光会沿着原物光的方向出射,迎着原物光方向看全息干版,可在干版后方原物体所在处看到被拍摄物的虚像;-1 级衍射光沿着与+1 级衍射光出射方向共轭的方向出射,迎着该方向看全息干版,也可以在干版后方与原物体所在处共轭的地方看到被拍摄物的虚像。图 3-91 中只给出了＋1 级衍射光的情况。

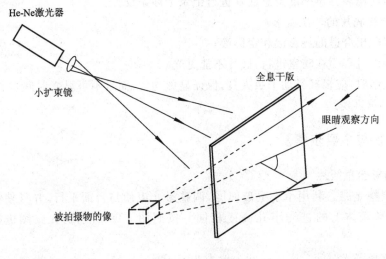

图 3-91 再现光路图

3. 全息照相的特点

(1)再现出的被拍摄物像立体感强。全息干版再现出的被拍摄物形象逼真,其层次和反差等与原物保持一致,为三维立体图像。

(2)再现出的被拍摄物像的亮度可调。因为再现光波是入射光的一部分,故再现光越强,再现像就越亮。

(3)全息干版具有可分割性。全息干版上任何一小部分的干涉条纹都是由原物光所有物点漫散射来的光与参考光相干涉而成的,故全息干版的任何一部分都能再现被拍摄物的整体图像。

(4)全息干版具有可重复曝光特性。对于不同的物体,只需改变参考光的入射角度,就可以在同一张全息干版上记录多个物体的全息图。再现时,只需用与拍摄时相同角度的再现光照射全息干版,就能分别再现。

(5)全息干版没有正片和负片之分。全息干版的复制很容易,只需将全息干版与未感光的全息干版相对压紧晒印曝光,冲洗之后得到照片,再现出来的像仍和原照片再现像完全一样。

4. 全息照相的技术要求

(1)全息照相的拍摄要求:

① 光源必须是相干光源;

② 全息照相系统要具有稳定性；

③ 物光和参考光光程差应尽量小；

④ 需使用高分辨率的全息底片进行记录干涉条纹。

(2)全息底片的冲洗要求：

① 需配出合适的显影液和定影液；

② 冲洗过程要在暗室进行，底片不能见光；

③ 显影时，应轻轻晃动干版夹具，保证显影均匀，而且不可显影时间过长，否则干版太黑，影响再现。

【实验内容与主要步骤】

1. 拍摄全息照片

(1)调整光路。利用十字毛玻璃屏，调整激光束使与台面平行，并且使激光束的高度与实验箱体上的进光小孔高度相同。按照图 3-90 所示的光路图进行光路的调节。

(2)选择曝光时间。曝光时间一般为 25～45 s。

(3)放置暗盒。盖上暗箱盖，如图 3-90 所示，将装有银盐干版暗盒放在拍摄窗口 11 处。

(4)拍摄。用不透明物体将激光光线遮挡住，轻轻抽出暗盒抽板，静置稳定约 10 s 后，移走遮挡物，进行曝光。注意拍摄过程中不许碰暗盒，要保持暗盒的静止。到达设定的曝光时间，再次用不透明物体将激光光线遮挡住，插入暗盒抽板，取下暗盒，曝光结束。

2. 冲洗全息照片

全息照片的冲洗分为显影、停显、定影、清洗和干燥五步。全息照片拍摄完成后，进入冲洗照片的暗室，打开暗盒取出全息干版。

(1)显影。借助绿光（干版对绿光不敏感），将干版放在干版夹具中，膜面朝上，放入显影液内（第一个容器），如图 3-92 所示。显影时间为 18 s～22 s。

(2)停显（即清洗）。显影后取出干版放入第二个容器中的清水里，轻轻晃动 5 s 左右以洗去显影液。

(3)定影。停显后取出干版放第三个容器中的定影液内，定影约 5 min。

(4)清洗。定影后取出干版放入第四个容器

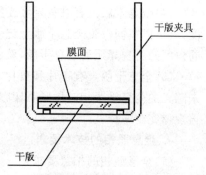

图 3-92 干版放置示意图

中的清水里,轻轻晃动 5 s 左右以洗去定影液。

(5)干燥。清洗后,用吹风机将干版上的水吹干。

3. 全息再现

全息干版吹干后,按图 3-91 所示迎着衍射光的方向在全息干版的后方可观察到被拍摄物的立体虚像。

【注意事项】

(1)不能用眼睛直视激光,以免造成视网膜损伤。

(2)全息片是玻璃制品,易碎,使用时要小心、轻放。

(3)不允许用手触摸平面反射镜的镜面,以免镀膜脱落损坏。

(4)绝对不能让手触及激光器的高压端,以免电击。

(5)光路调节中应使各元件(反射镜、扩束镜等)共轴,且都与暗箱上通光小孔等高。

【数据记录与处理】

(1)曝光时间:_____秒。

(2)显影时间:_____秒。

(3)停显时间:_____秒。

(4)定影时间:_____分_____秒。

(5)清洗时间:_____秒。

(6)全息再现情况记录(虚像能否看到,若能看到是否清晰)。

【预习题】

(1)"全息"的含义是什么? 全息照相是根据什么原理实现的? 它与普通照相有哪些区别?

(2)全息干版上记录的是什么? 它的再现原理是什么?

(3)全息照相的技术要求有哪些?

【课后作业】

(1)如何提高全息照片的质量? 有哪些重要环节?

(2)全息照相技术有哪些应用前景? 试举例说明。

【仪器简介】

全息照相实验台如图 3-93 所示,He-Ne 激光器电源如图 3-94 所示,配套光学器件如图 3-95 所示。

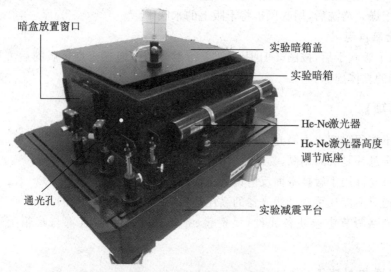

图 3-93　全息照相实验台

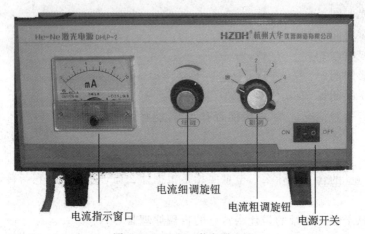

图 3-94　He-Ne 激光器电源

器件介绍：

（1）暗盒：用来放置全息干版。

（2）大反射镜：用来提供参考光。

（3）小反射镜：利用两个小反射镜把激光经通光孔进入暗箱。

（4）大、小扩束镜：将激光束扩束，由细变粗，这样可以一部分照射到物体上，一部分照射到大反射镜上。

（5）载物台：放置被拍摄物体（一般用硬币）。

（6）十字标尺：检测激光束的高度，使之与通光孔高度一致，保证激光束能进入暗箱。

（1）暗盒

（2）大反射镜 （3）小反射镜

（4）大扩束镜 （5）小扩束镜

（6）载物台 （7）十字标尺

图 3-95 光学器件

附　　录

附录 A　物理学基本常数

1. 基本物理常数

物　理　量	符号	数　　值	常　用　值	单　　位
真空中光速	c	299 792 458	3.00×10^8	$m \cdot s^{-1}$
引力常数	G	6.6720×10^{-11}	6.67×10^{-11}	$m^3 \cdot kg \cdot s^{-2}$
阿伏伽德罗常数	N_0	6.022045×10^{23}	6.02×10^{23}	mol^{-1}
普适气体常数	R	8.31441	8.31	$J \cdot mol^{-1} \cdot K^{-1}$
玻尔兹曼常数	k	1.380662×10^{23}	1.38×10^{-23}	$J \cdot K^{-1}$
基本电荷 （元电荷）	e	$1.6021892 \times 10^{-19}$	1.602×10^{-19}	C
理想气体摩尔体积	V_m	22.41383×10^{-3}	22.4×10^{-3}	$m^3 \cdot mol^{-1}$
原子质量单位	u	$1.6605655 \times 10^{-27}$	1.66×10^{-27}	kg
电子静止质量	m_e	9.109534×10^{-31}	9.11×10^{-31}	kg
电子荷质比	e/m_e	$1.7588047 \times 10^{-11}$	1.76×10^{-11}	$C \cdot kg^{-2}$
质子静止质量	m_p	$1.6726485 \times 10^{-27}$	1.673×10^{-27}	kg
中子静止质量	m_n	$1.6749543 \times 10^{-27}$	1.675×10^{-27}	kg
法拉第常数	F	9.648456×10^4	96 500	$C \cdot mol^{-1}$
真空电容率	ε_0	$8.854187818 \times 10^{-12}$	8.85×10^{-12}	$C^2 \cdot N^{-1} \cdot m^{-2}$
普朗克常量	h	6.626176×10^{-34}	6.63×10^{-34}	$J \cdot s$
里德伯常数	R	1.097373177×10^7	1.097×10^7	m^{-1}

2. 物质折射率（20℃）

物质	折射率	物质	折射率
水	1.333 0	乙醚	1.352 5
甲醇	1.329 2	苯	1.501 1
乙醇	1.361 4	α_溴代萘	1.658 2

3. 物质杨氏弹性模量（20℃）

物　质	杨氏弹性模量/（×10^{11}N/m²）	物　质	杨氏弹性模量/（×10^{11}N/m²）
铝	0.69～0.70	镍	2.03
铜	1.03～1.27	合金钢	2.06～2.16
铁	1.86～2.06	碳钢	1.96～2.06
银	0.69～0.80	康铜	1.60
金	0.77	硬铝合金	0.71
钨	4.07	钛合金	1.14

4. 物质密度（20℃）

物　质	密度/（kg/m³）	物　质	密度/（kg/m³）
铝	$2.669×10^3$	水	$1.00×10^3$
铜	$8.96×10^3$	水银	$1.355×10^4$
铁	$7.874×10^3$	无水乙醇	$7.894×10^2$
银	$1.05×10^4$	煤油	$8.00×10^2$
金	$1.932×10^4$	汽油	$6.80×10^2$
金刚石	$3.51×10^3$	汞	$1.360×10^3$
铅	$1.135×10^4$	石墨	$2.25×10^3$

5. 不同温度时干燥空气中的声速（单位：m/s）

温度/℃	0	1	2	3	4	5	6	7	8	9
50	360.51	361.07	361.62	362.18	362.74	363.29	363.84	364.39	364.95	365.50
40	354.89	355.46	356.02	356.58	357.15	357.71	358.27	358.83	359.39	359.95
30	349.18	349.75	350.33	350.90	351.47	352.04	352.62	353.19	353.75	354.32
20	343.37	343.95	344.54	345.12	345.70	346.29	346.87	347.44	348.02	348.60
10	337.46	338.06	338.65	339.25	339.84	340.43	341.02	341.61	342.20	342.58
0	331.45	332.06	332.66	333.27	333.87	334.47	335.07	335.67	336.27	336.87
−10	325.33	324.71	324.09	323.47	322.84	322.22	321.60	320.97	320.34	319.52
−20	319.09	318.45	317.82	317.19	316.55	315.92	315.28	314.64	314.00	313.36
−30	312.72	312.08	311.43	310.78	310.14	309.49	308.84	308.19	307.53	306.88

6. 固体导热系数

物质	温度/K	导热系数/ ($W \cdot m^{-1} \cdot K^{-1}$)	物质	温度/K	导热系数/ ($W \cdot m^{-1} \cdot K^{-1}$)
空气	300	0.026	铁	273	82
水	293	0.604	康铜	273	22
冰	273	2.2	黄铜	273	120
银	273	418	不锈钢	273	14
铜	273	400	陶瓷	373	30
铝	273	238	橡胶	298	0.16
钨	273	170	玻璃纤维	323	0.04
金	273	311	石英	273	1.40

7. 常用光源的谱线波长（单位：nm）

物质	波长	物质	波长	物质	波长	物质	波长
H（氢）	656.28	He（氦）	706.52	Ne（氖）	650.65	Na（钠）	589.59
	486.13		587.56		640.23		589.00
	434.05		501.57		638.30		
	410.17		492.19		626.65		
	397.01		447.15		621.73		
			388.87		588.19		
Ar（氩）	528.70	Hg（汞）	623.44	He-Ne 激光	632.8	红宝石 激光	694.3
	514.53		579.07				693.4
	501.72		576.96				510.0
	496.51		546.07				360.0
	487.99		491.60				
	476.44		435.83				

附录 B　测量结果不确定度计算方法（简例）

物理量	u_A	u_B	
单次 测量量	0	$\Delta_仪$	$u=\sqrt{u_A^2+u_B^2}$
多次 测量量	$\dfrac{\sigma_{n-1}}{\sqrt{n}}$	$\Delta_仪/\sqrt{3}$	

（1）凡是中间过程量，计算器算出的数据比直接测量的数据多保留 1～2 位小数，以防最终结果有效数字位数不够。

（2）最终结果表达式中，数据格式要求：

u：绝对不确定度，写成小数形式，有单位。

E：相对不确定度，写成百分数形式，没有单位。

当 u 的首位非零数为 1 或 2 时，u 保留两位有效数字；当 u 的首位非零数不小于 3 时，u 只保留一位有效数字。相对不确定度 E 的位数规定与 u 的原则相同。

范例：

由计算器计算出

$$\overline{x}=5.567\,894\,587\times10^6\ \mathrm{N\cdot m^{-2}}$$
$$u_x=6.516\,235\,894\,7\times10^4\ \mathrm{N\cdot m^{-2}}$$

那么，最终结果为

$$x=\overline{x}\pm u_x=(5.57\pm0.07)\times10^6\,\mathrm{N\cdot m^{-2}}\quad(P=68.3\%)$$

$$E_x=\frac{u_x}{\overline{x}}=\frac{6.516\,235\,894\,7\times10^4}{5.567\,894\,587\times10^6}=1.2\%$$

附录 C 计算器统计功能使用说明

1. 计算器面板(JOINUS fx-82TL 型)

JOINUS fx-82TL 型计算器面板如图 C-1 所示。

图 C-1 计算器面板

2. 统计计算简介

统计计算功能(SD 状态):

(1)按 $\boxed{\text{MODE}}$ $\boxed{2}$ 键可进入 SD 状态,在 SD 状态中可用标准偏差进行统计计算。

(2)在输入数据前必须先按 $\boxed{\text{SHIFT}}$ $\boxed{\text{Scl}}$ $\boxed{=}$ 键以清除统计记忆中的数值。

（3）输入的数据用以计算n，$\sum x$，$\sum x^2$，$\overline{x}$，$\sigma_{n-1} = \sqrt{\dfrac{\sum\limits_{i=1}^{n}(x_i - \overline{x})^2}{n-1}}$，$\sigma_n =$

$\sqrt{\dfrac{\sum\limits_{i=1}^{n}(x_i - \overline{x})^2}{n}}$ 的值。

范例：对下列数据求 n，$\sum x$，$\sum x^2$，$\overline{x}$，σ_{n-1}，σ_n。

数据为：55，54，51，55，53，53，54，52。

操作流程如下：

（1）进入 SD 状态：

| MODE | 2 |

（2）清除记忆器内容：

| SHIFT | Scl | = |

（3）输入数据：

① 按 | DT | | DT | 键可输入两次同样的数据。

② 多次输入同样数据时可利用 | SHIF | | ; | 键。

例如，输入 10 次 110 时，可按 110 | SHIFT | | ; | 10 | DT | 键。

③ 需删除刚输入的数据时，可按 | SHIFT | | CL | 键。

数据输入方法如下：

55 | DT | 54 | DT | 51 | DT | 55 | DT | 53 | DT | | DT | 54 | DT | 52 | DT |

```
      52
  SD
```

（4）计算如下统计数值：

数据的个数 n		Rcl	C		8.
数据的和 $\sum x$		Rcl	B		427.
数据的平方和 $\sum x^2$		Rcl	A		22805.
算术平均值 $\overline{x}$	SHIFT	$\overline{x}$	=		53.375
样本标准偏差 σ_{n-1}	SHIFT	$x\sigma_{n-1}$	=		1.407885853
总体标准偏差 σ_n	SHIFT	$x\sigma_n$	=		1.316956719

参 考 文 献

［1］周殿清．大学物理实验［M］．武汉：武汉大学出版社，2002．

［2］李平．大学物理实验［M］．北京：高等教育出版社，2004．

［3］朱鹤年．新概念物理实验测量引论：数据分析与不确定度评定基础［M］．北京：
高等教育出版社，2007．

［4］钱萍，申江．物理实验数据的计算机处理［M］．北京：化学工业出版社，2007．

［5］李相银．大学物理实验［M］．2版．北京：高等教育出版社，2009．

［6］王振彪，刘虎，郑乔．大学物理实验［M］．北京：中国铁道出版社，2009．

［7］刘静，刘国良，赵涛．大学物理实验［M］．沈阳：东北大学出版社，2009．

［8］黄思俞．大学物理实验［M］．厦门：厦门大学出版社，2010．

［9］李雅丽，方靖淮，施建珍．大学物理实验教程［M］．3版．南京：南京大学出版
社，2010．

［10］刘跃，张志津．大学物理实验［M］．2版．北京：北京大学出版社，2010．